震后钢管混凝土损伤识别及加固技术

倪铁权　肖仲华　费飞龙
胡　威　黄　俊　卢雪松　　著

中国矿业大学出版社

·徐州·

内 容 提 要

钢管混凝土结构因具有良好的力学性能和施工性能,被广泛应用于抗震设防区的高层建筑和大跨度等大型复杂结构体系中。我国《建筑抗震鉴定标准》(GB 50023—2009)、《建筑抗震加固技术规程》(JGJ 116—2009)和《既有建筑鉴定与加固通用规范》(GB 55021—2021)均未涉及钢管混凝土结构的损伤识别与加固问题,因此研究钢管混凝土结构的损伤识别及加固问题对于地震后恢复重建显得尤为迫切和重要。

全书主要内容包括:绪论、基于 CMCM 修正方法的损伤识别、钢管混凝土框架结构损伤识别、钢管混凝土框架结构加固性能试验、钢管混凝土框架结构加固性能数值分析、结论及展望。本书的目的在于评价震后钢管混凝土结构性能,并对加固修复结构的抗震性能进行分析,为制定钢管混凝土结构损伤识别与加固技术规程提供依据。

本书可供从事安全工程及相关专业的科研和工程技术人员参考使用。

图书在版编目(CIP)数据

震后钢管混凝土损伤识别及加固技术 / 倪铁权等著.

徐州:中国矿业大学出版社,2024.8. — ISBN 978-7-5646-6406-0

Ⅰ. TU755.7

中国国家版本馆 CIP 数据核字第 20243AH950 号

书　　名	震后钢管混凝土损伤识别及加固技术
著　　者	倪铁权　肖仲华　费飞龙　胡　威　黄　俊　卢雪松
责任编辑	马晓彦
出版发行	中国矿业大学出版社有限责任公司
	(江苏省徐州市解放南路　邮编 221008)
营销热线	(0516)83885370　83884103
出版服务	(0516)83995789　83884920
网　　址	http://www.cumtp.com　**E-mail**:cumtpvip@cumtp.com
印　　刷	江苏凤凰数码印务有限公司
开　　本	787 mm×1092 mm　1/16　**印张** 10.5　**字数** 200 千字
版次印次	2024 年 8 月第 1 版　2024 年 8 月第 1 次印刷
定　　价	46.00 元

(图书出现印装质量问题,本社负责调换)

前　　言

高层和超高层建筑满足了城市化高速发展的需要,建造数量日益增加。钢管混凝土结构因具有良好的受力性能和施工性能,成为高层和超高层结构体系中的重要形式。从历次地震后灾害调研情况来看,轻微或者中度损伤的钢管混凝土结构占有一定的比例,尤其是按照《建筑抗震设计规范》进行设计的钢管混凝土结构,虽然发生了不同程度的损伤,却依然能够做到"中震可修"。

国内外的地震中均没有钢管混凝土结构的震害报道,但不能等发生地震破坏后再来研究对其的抗震鉴定和加固修复方法。为了能够保证未来抗震救灾工作的迅速、顺利和安全开展,对震后钢管混凝土结构进行鉴定,快速发现结构损伤位置,评估损伤程度,评判是否需要加固和可否继续使用,并提出可靠和有效的加固修复方法、理论是非常有必要的。

近20年来,基于模态参数的结构损伤识别一直是国内外学者的研究热点。在土木工程领域,对钢筋混凝土结构和砌体结构进行损伤识别的研究和应用较多,但对钢管混凝土结构的损伤识别尚缺少研究。

碳纤维布(CFRP)作为一种具有良好力学性能的新型材料,具有抗拉强度高、抗腐蚀、抗疲劳、质量轻、方便施工和对原结构影响小等优点,已被广泛用于结构加固领域。目前,用CFRP加固砌体结构、钢筋混凝土结构和钢结构的研究和应用相对而言比较成熟，很多学者对用 CFRP 加固钢管混凝土柱"构件层面"进行了试验和研究，并取得了很多的研究成果，而对采用 CFRP 加固钢管混凝土框架结构的"结构层面"的研究还是空白的。

鉴于此，本书进行了关于钢管混凝土结构震后结构损伤识别与加固性能的研究，并初步得出了一些结论。本书主要内容包括：绪论、基于 CMCM 修正方法的损伤识别、钢管混凝土框架结构损伤识别、钢管混凝土框架结构加固性能试验研究、钢管混凝土框架结构加固性能数值分析、结论及展望。

本书的核心内容为第一作者于 2012—2016 年攻读博士学位期间取得的研究成果。在接下来的 8 年时间里，我们又在结构抗震评价及加固方法的工程实践和试验验证等方面开展了持续、深入的工作。在研究过程中，我们认识到工程结构的震后性能评价与加固是极为复杂的工程科学问题，这一研究领域充满挑战，我们的研究还只是刚刚开始，期待着各位同仁的关注和共同努力。

由于作者学识所限，书中难免存在不当之处，敬请读者批评指正，反馈意见请发送至电子邮箱：nitiequan@yangtzeu.edu.cn，我们将不胜感激。

作　者

2024 年 8 月

目　　录

第 1 章　绪论 …………………………………………………………… 1

1.1　背景及意义 ………………………………………………………… 1

1.2　损伤识别研究现状 ………………………………………………… 4

1.3　加固方法及研究现状 ……………………………………………… 14

1.4　主要研究内容 ……………………………………………………… 26

第 2 章　基于 CMCM 修正方法的损伤识别 ………………………… 28

2.1　模态分析理论基础 ………………………………………………… 28

2.2　参数敏感性分析 …………………………………………………… 36

2.3　CMCM 修正方法 …………………………………………………… 41

2.4　基于 CMCM 修正方法的损伤识别理论 …………………………… 45

2.5　本章小结 …………………………………………………………… 51

第 3 章　钢管混凝土框架结构损伤识别 ……………………………… 52

3.1　钢管混凝土框架结构的模态测试 ………………………………… 52

3.2　模态试验测试结果及参数敏感性分析 …………………………… 62

3.3　基于 CMCM 修正方法的结构损伤识别 …………………………… 71

3.4　本章小结 …………………………………………………………… 78

第 4 章　钢管混凝土框架结构加固性能试验研究 …………………… 79

4.1　试验概况 …………………………………………………………… 79

4.2 碳纤维布加固 ································ 84

4.3 碳纤维布及钢板复合加固 ···················· 97

4.4 本章小结 ································· 104

第 5 章 钢管混凝土框架结构加固性能数值分析 ··········· 106

5.1 有限元理论分析 ···························· 106

5.2 计算结果分析 ···························· 132

5.3 本章小结 ································ 142

第 6 章 结论及展望 ···························· 143

6.1 结论 ································· 143

6.2 展望 ································· 144

参考文献 ································· 146

第1章　绪　　论

1.1　背景及意义

　　我国位于环太平洋地震带与欧亚地震带的交汇部位,受太平洋、印度洋和菲律宾三大板块的挤压作用[1],地震断裂带十分发育。世界上这两大地震带交汇部位的地震活动频度高、强度大、分布广,因此我国是一个地震灾害非常严重的国家,陆地地震发生数量占世界陆地地震发生总数的1/3。2000年以来我国陆地发生过两次8级以上地震:一次是2001年青海昆仑山口西发生的8.1级地震,另一次2008年四川汶川发生的8.0级地震。我国地震灾害导致死亡的人数占世界的一半以上,其中两次导致20万人死亡的地震都发生在我国。

　　地震突发性强,破坏作用巨大,能够在非常短的时间内使大量的房屋和工程设施发生损伤,引起各种类型的"土木工程灾害",对生命财产造成巨大损失,是人类难以防御的自然灾害。在调研地震灾害时,发现损伤后的房屋和工程设施给生命财产带来更大的威胁[2-4],因此,对地震后的结构进行鉴定,对结构进行损伤识别及加固修复研究,具有重要的工程意义和社会价值。

　　近年来,世界各地的高层建筑结构迅速发展,根据世界高层建筑与都市人居协会(CTBUH)关于全球高楼的报告,2023年是高层建筑竣工量破纪录的一年,共有177座高度为200 m及以上的建筑竣工,对比2022年的155座,竣工率增加了14.2%。截至2023年底,全球已经建成了2 269座高度为200 m及以上的建筑,其中包括232座超高层建筑(300 m及以上)。总体来看,这些超高层建筑中的前100座于2015年之前完工,另外132座则是在此后的7年内建成的。此外,全球完工的 200 m 及以上高度的建筑数量在 2015 年达到 1 000 座,这个数字现在已经翻了一倍以上。2023 年底全球高层建筑结构形式比例如图 1-1 所示。

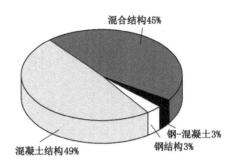

图 1-1　2023 年底全球高层建筑结构形式比例

钢管混凝土框架-核心筒结构体系是通过梁将外围的钢管混凝土框架柱和内部的混凝土核心筒连接而成,在提高框架柱承载力、减小框架柱截面尺寸、降低结构自重、加快施工速度等方面具有明显的优势,近年来逐渐成为高层和超高层建筑采用的主要结构形式之一[5-6]。

1995 年,日本阪神地震中多数结构正是由于在前震中产生了损伤而在余震中倒塌的。地震后,政府部门及业主都迫切需要知道结构的安全性和适用性,传统的方法是结构鉴定和检测部门对震后各类工程结构依次进行人工巡查,进而把结构评定为完好、轻微损伤、中等损伤、严重损伤及倒塌等五种损伤等级[7]。这种方法存在的问题有:耗时、主观性强、发现不了结构内部的损伤。

随着现代传感技术、现代信息技术、无线通信技术、振动力学理论和数值仿真技术的发展和完善,结构损伤识别与诊断技术也迅速发展起来,利用采集的振动测试数据对结构上产生的损伤进行识别的方法也获得了很大的发展,在航空航天工程和机械工程领域已经进行了广泛和深入的研究与应用。结构损伤识别方法的可行性和有效性也已经得到土木工程界的认可,并成功地应用于大量的重大建设项目健康监测中,该方法可以判断结构是否损伤,对损伤进行定位,并确定损伤程度,为安全状况评定提供依据。

"5·12"汶川地震中,大量建筑和设施产生地震损伤。从地震灾区调查结果来看[8-9]，灾区约有 1/3 的结构破坏严重，轻微或者中度损伤的结构也占有一定的比例，其中按照《建筑抗震设计规范》进行设计的建筑结构，虽然发生了各种不同程度的损伤，却仍然能够满足"中震可修"的抗震设防要求。无论是紧急地解决人民群众安居问题，还是经济地进行地震后灾区重建，对"可修"的结构进行"加固修复"都比"推倒重建"更合理[10-11]。

对地震后发生损伤的结构，"加固修复"不仅要保证其正常使用，而且要保证对其进行加固修复后有足够的抗震能力。"地震损伤历史"可能会对加固修复后的结构抗震性能产生影响，而对现行加固设计规范没有予以考虑。

结构抗震加固就是指对经历"地震损伤历史"的结构进行加固修复，使经过加固修复后的结构恢复或者超过地震发生前的抗震性能。我国十分重视建筑结构抗震加固技术的研究和应用，尤其是自 1976 年唐山大地震以来，我国的抗震加固技术研究取得了大量的成果。历次地震后采取了抗震加固措施的工程结构，不仅经受住了余震的考验，而且经受住了再一次地震的考验。国内外大量的工程实例证明，采取抗震加固措施与不采取抗震加固措施对于余震或再一次地震的抵抗能力是有很大区别的，采取抗震加固措施更能保证人民的生命安全。

近几十年来，建筑结构抗震加固技术在砌体结构和混凝土结构上取得了迅速的发展并得到大量的应用，但是针对钢管混凝土结构抗震加固技术的研究还较少。我国《建筑抗震鉴定标准》（GB 50023）、《建筑抗震加固技术规程》（JGJ 116）和《既有建筑鉴定与加固通用规范》（GB 55021）都没有包含钢管混凝土结构的加固技术问题，因此研究钢管混凝土结构震后鉴定及加固性能问题对该类结构地震后的恢复重建有着重要的工程意义，同时也可为制定钢管混凝土结构抗震鉴定与加固技术规程提供依据。

本研究适应结构鉴定和抗震加固技术的发展和要求，针对震后钢管混凝土框架结构的鉴定及加固需求，从试验分析和数值模拟两个方面，在结构整体层次上探讨适应于钢管混凝土框架结构的鉴定和加固方法，填补钢管混凝土结构在震后鉴定和加固方法上的空白。

1.2 损伤识别研究现状

1.2.1 损伤识别发展简要

1966 年河北邢台发生 6.8 级地震,该次地震后的 20 余天内又接连发生 6 级以上余震。由于主震过后及时对房屋进行简单加固(如用钢丝绳进行拉结处理等),有效避免了余震中的严重损坏。受此启发,1968 年京津地区抗震办发布了《京津地区新建的一般民用房屋抗震鉴定标准(草案)》《北京地区一般单层工业厂房抗震鉴定标准(草案)》《北京市旧建筑抗震鉴定标准(草案)》《京津地区农村房屋抗震检查要求和抗震措施要点(草案)》《京津地区烟囱及水塔抗震鉴定标准(草案)》等,共 5 项草案,并在相应地区开展抗震鉴定与加固试点工作,自此拉开了我国抗震鉴定加固工作的序幕。

1970 年云南通海发生 7.7 级地震,造成 4.8 万人伤亡,受灾面积近 5 000 km²,经济损失高达 27 亿元。震后我国抗震工作由被动转为主动,这是我国抗震发展的重要转折点。1975 年辽宁海城 7.3 级地震后,京津地区根据当时震情趋势对辖区内重点工程进行抗震鉴定,并采取相应的加固措施。1975 年国家建委建筑科学研究院(现中国建筑科学研究院有限公司)会同相关单位对 1968 年发布的 5 项抗震鉴定标准(草案)进行修订整合,形成《京津地区工业与民用建筑抗震鉴定标准(试行)》。该标准作为我国第一部抗震鉴定标准,于 1975 年 9 月试行(以下简称 75 版鉴定标准),是我国抗震加固事业的初始,也是当时京津地区房屋抗震加固的主要依据。

75 版鉴定标准以原有 5 个标准为基础,增加了总则,按结构类型对抗震鉴定要求和加固处理意见进行编排,并对砌体结构的砌体抗震墙面积率和圈梁加固意见等具体要求做出了细化修订;同时还对木结构和砌体烟囱部分做出了修订。

75 版鉴定标准适用于京津地区 7、8 度设防现有工业与民用建筑,但不适用于有特殊抗震设防要求的建筑物。对特别重要建筑(国家批准)按烈度提高 1

度鉴定,重要建筑(生命线工程或次生灾害较大的建筑)执行设防基本烈度鉴定,一般建筑按降低 1 度但不低于 7 度进行鉴定。该标准主要从抗震构造措施和抗震承载力两个方面对房屋进行鉴定,并对砌体结构抗震承载力验算给出了简化计算方法。该标准对单层钢筋混凝土柱厂房结构鉴定给出了相关要求,但不包含与钢筋混凝土房屋鉴定有关的内容。

1976 年我国发生举世震惊的 7.8 级唐山大地震,由于京津地区在此之前对部分房屋进行了抗震鉴定与加固,使得这部分建筑震后完好,但周边未加固房屋则遭受严重损坏。抗震鉴定与加固作为抗震防灾的措施的有效性在此次得到充分体现。当年国家建委抗震办成立,并主持召开第一次全国抗震工作会议,会议组织广大科研工作者开展震害调查和抗震加固技术试验研究,并确定了 152 项重点项目进行抗震加固。1977 年我国颁布了《工业与民用建筑抗震鉴定标准》(TJ 23-77)(以下简称 77 版鉴定标准),与该标准配套实施的还有《工业建筑抗震加固图集》(CG 01)和《民用建筑抗震加固图集》(CG 02)。这三项标准的颁布与实施意味着我国抗震鉴定加固工作由局部地区扩展至全国范围,并成为抗震减灾的重要组成部分;它们作为抗震鉴定加固的主要法规性技术资料,也标志着我国抗震鉴定加固工作步入规范化、制度化。截至 1996 年我国基本完成国家重点生命线工程抗震鉴定与加固工作,总加固面积达到 2.4 亿 m^2,耗资约 44 亿元人民币。

77 版鉴定标准与 75 版鉴定标准相比,将适用地区由京津地区扩大至全国范围;鉴定烈度与设计烈度一致,采用基本设防烈度;在抗震构造措施要求上有所提高;增加了针对钢筋混凝土结构的抗震鉴定内容。

建筑抗震鉴定、加固实践和震害经验表明,对现有建筑进行针对性的合理的抗震鉴定,对不满足鉴定要求的建筑采取适当的抗震加固改造措施,是减轻地震损害的重要途径。结构损伤识别是进行抗震鉴定的另一表述。

我国对结构进行损伤识别的研究早在 20 世纪 60 年代就已经出现了[12],开始主要是在航空航天工程领域和机械工程领域,用于监测航空航天器、军事装备和重要机械的运行状态,及时发现损伤,对可能出现的故障进行预测,为维护修理提供必要的指导,这不仅可以避免重大故障的发生,而且可以降低维护费用[13]。

在土木工程领域,损伤识别起步相对较晚,是从 20 世纪 70 年代海洋平台损伤检测开始的[14]。损伤识别在最近 20 年逐渐成为土木工程领域的研究热点和发展趋势。随着损伤识别研究在土木工程领域的快速发展,损伤识别研究成果也在土木工程领域获得了广泛且成功的应用[15]。最具代表性的应用是在国内外重要的大跨桥梁和建筑上安装了结构健康监测系统,例如 1997 年建成的香港青马大桥、1998 年通车的日本明石海峡大桥、1999 年通车的美国新墨西哥州拉斯克鲁塞斯 I-10 桥[16-17]、2009 年竣工的广州塔[18]。目前,我国建筑鉴定评估所依据的规范和标准主要有《民用建筑可靠性鉴定标准》(GB 50292—2015)、《工业建筑可靠性鉴定标准》(GB 50144—2019)、《建筑抗震鉴定标准》(GB 50023—2009)、《既有建筑鉴定与加固通用规范》(GB55021—2021)等。

通过对损伤指标的测试、计算与分析,结构的损伤识别由易到难可分为 5 个层次[19]:① 结构是否损伤判断;② 结构损伤位置确定;③ 结构损伤程度确定;④ 结构损伤类型确定;⑤ 结构剩余寿命预测。

结构损伤识别的第一层次,即判断结构是否损伤的方法基本成熟和完善。损伤识别的第二层次,即对结构的损伤位置进行确定目前也取得了很多比较成熟的研究成果。目前,研究重点主要集中在结构损伤识别的第三层次,即识别结构损伤程度,已有一些有效方法可对特定的混凝土和钢结构损伤程度进行识别。第四层次和第五层次的研究到目前为止基本还没有启动。

国内外学者在不同的时间段分别对损伤识别的研究进展进行了回顾:Doebling 等[20]对截止到 1996 年的损伤识别研究进展进行了总结;Sohn 等[21]对 1996—2001 年的结构健康监测研究进展进行了系统回顾;Carden 等[22]对截止到 2003 年的损伤诊断研究进展进行了总结;Fan 等[23]更新了截止到 2011 年的损伤识别研究进展。综合这些研究进展和成果,可以发现损伤识别的基本方法均是选择结构模态数据或者其衍生参数,而最基本的模态数据识别方法主要有以下两种。

(1)基于频率的识别方法

结构物理特性的变化会引起结构振动频率的改变,这一规律直接促进了模态测试在结构损伤识别和健康监测中的应用。如果结构发生损伤,结构刚度随之减小,忽略结构质量的变化,结构的振动固有频率也会跟着发生改变。因此很多学者以结构频率的改变作为指标进行结构的损伤识别,其中要用到最优化算法、灵敏度分析方法、矩阵摄动法[24]等。

1995 年于德介等[25]提出了一种利用实测结构固有频率识别结构损伤大小和位置的方法,推导了能抑制测试误差对诊断准确性影响的正则化技术求解质量和刚度损伤识别方程,以三根模型梁的损伤识别实例证实了该方法的有效性。

1998 年高芳清等[26]将"频率变化平方比"应用于钢桁架进行损伤识别,从理论上验证了结构的"频率变化平方比"含有结构的损伤程度和损伤位置信息,"频率变化平方比"与结构的损伤位置有关,可以通过它对损伤进行定位。

2001 年 Wang 等[27]提出了利用测试频率变化与测量静态位移的算法来识别结构损伤,其最大的优势是结构低阶频率与静态位移容易较准确地被测试到。通过定义损伤结构合适的频率差和静态位移,利用迭代计算解决非线性问题,成功地进行了损伤识别,解决了采用不完全的模态数据对结构进行损伤识别的困难。

2002 年李洪升等[28]利用摄动原理研究了基于振动模态分析的结构无损检测技术,从理论上验证了"频率变化平方比"是结构损伤位置和损伤程度的函数,并利用该方法对钢质管道进行了损伤识别数值模拟和试验。

基于频率的损伤识别方法一直受到学者的青睐,因为在实际工程中频率测试简便,与测量位置无关,而且误差较小、精度较高。

(2)基于振型的损伤识别方法

早期的损伤识别方法直接根据模态振型的变化,按目测的方式对损伤位置进行判断。对大型复杂结构采用这种方法是非常费时的,而且实施起来也比较困难。因此,不少研究人员提出以振型为基础定义的新损伤指标。

1984 年 West[29]最早采用模态振型进行损伤定位,并提出基于振型的坐标模态确认准则(MAC),通过 MAC 来判别结构损伤前后的相关性,实现对结构的损伤识别。

1988 年 Lieven 等[30]提出改进的模态置信准则,即坐标模态确认准则

(COMAC)，如果采用 COMAC，只需选择少数典型测试点即可，而如果改为 MAC，则需要测试所有的测点。

2002 年 Abdo 等[31]对振型与损伤之间的关系进行了研究，结果表明：结构的扭转振型对损伤敏感性较强，而且扭转振型对多损伤工况表现出较强的鲁棒性，但对大型复杂结构进行测试时扭转振型一般不容易被激励出并得到。

COMAC 值的大小代表了结构损伤前后模态的相关程度。当 COMAC＝1 时，表明损伤前后模态之间完全相关，结构没有发生损伤；如果结构发生损伤，由于模态的变化，则 COMAC≠1。当 COMAC＝0 时，表明两组模态完全不相关，结构发生损伤。当 COMAC 值趋近于 0 或较小时，说明结构发生了一定程度的损伤。

目前，国内外关于土木工程损伤识别的学术会议越来越多，如：结构健康监测与智能结构国际会议（International Conference on Structural Health Monitoring and Intelligent Infrastructure），结构健康监测国际研讨会（International Workshop on Structural Health Monitoring），结构损伤评估国际会议（International Conference on Damage Assessment of Structures），结构状态评估、监测与改进国际会议（Structural Condition Assessment，Monitoring and Improvement）等。历届会议成果的展示推动着结构损伤识别研究在土木工程领域向着更深更广的方向发展。

1.2.2　基于灵敏度的损伤识别

基于模态参数灵敏度的损伤识别就是根据模态参数对结构参数改变灵敏性的计算和分析，识别结构是否发生损伤、损伤的位置和损伤的程度。当采用基于模态参数的灵敏度分析对结构进行损伤识别时，主要有两种形式：① 单独选用特征向量或特征值组成灵敏度矩阵；② 同时选用特征向量和特征值组成灵敏度矩阵。国内外学者分别从不同的角度推导出多种模态参数的灵敏度矩阵。

1968 年 Fox 等[32]最早提出了基于特征向量和特征值的灵敏度计算方法。这之后，各种新的灵敏度计算方法大量涌现。

1993 年 Perteson 和 Stephenso 等[33-34]在悬臂梁上进行了单点损伤模拟工

况的试验，采用蒙特卡洛方法研究了试验过程中一些不确定性因素对频率灵敏度识别的影响，并计算出识别各种损伤程度准确性的概率。

1995 年 Pandey 等[35]研究了结构的柔度灵敏度方法在结构损伤识别中的应用，研究结果表明结构柔度矩阵受高阶模态的影响较小，且容易获取。

1998 年 Messina 等[36]提出一种频率的二阶灵敏度分析方法，对桁架结构和海洋钻井平台结构进行了数值模拟，证明了频率的二阶灵敏度方法的有效性。

1999 年 Sampaio 等[37]探讨了基于频响函数曲率的损伤识别方法，通过一座桥梁的数值模拟和试验研究证明了频响函数曲率对局部损伤更敏感。

2003 年 Parloo 等[38]探讨了基于振型灵敏度的损伤识别方法，在没有先验性的有限元模型情况下，对实验室条件下的梁式结构和阿尔伯克基的 I-40 公路桥梁的测试数据直接计算得出振型灵敏度，进而有效地识别出结构的损伤。

2008 年 Gomes 等[39]提出把遗传算法和模态灵敏度的方法结合起来识别和评估损坏情况，探讨了频率灵敏度的可行性和基于优化技术的有限元参数化建模的有效性，通过简支梁和一榀平面框架的数值模拟验证了方法的有效性。

1.2.3　基于模型修正的损伤识别

经过数十年的发展和完善，基于有限元方法的大型通用有限元软件（如 ANSYS、LS-DYNA、Hypermesh、MSC 和 ABAQUS 等）不断地更新和升级，建模技术快速改进，有限元方法成为目前应用最广泛的数值计算和分析方法，基于有限元模型修正对结构进行损伤识别也成为最有活力的研究方向之一[40]，在工程领域如（航天航空工程、机械工程和土木工程等领域）内获得广泛的研究和应用，并取得了大量的成果。

有限元模型建立时存在多种理论假设，近似的边界条件和不确定的材料参数等因素，使有限元模型的模态参数与测试模型的模态参数不可避免地存在误差。模型修正技术就是先建立结构的有限元模型，再采用测试得到的模态参数来修正结构的有限元模型，使有限元模型与测试的模态参数相一致。然后通过对比修正后的模型几何物理参数与修正前的变化，得出损伤单元的位置和损伤程度。

随着有限元模型修正技术的发展,学者们提出了大量的修正算法[41]。Imregun、Mottershead 和 Friswell 等[42-44]分别对有限元模型修正理论与方法进行了详细综述。根据不同的分类标准,有限元模型修正方法可以进行不同的分类。根据修正对象的不同,有限元模型修正方法可以划分为两类:一类为矩阵型;另一类为参数型。

1. 矩阵型修正方法

矩阵型修正方法的修正对象是结构的质量矩阵 M 或刚度矩阵 K,通过修正结构的质量矩阵 M 或刚度矩阵 K,使修正后的有限元模型的模态参数与测试得到的模态参数相同。矩阵型修正方法可以只修正质量矩阵 M 或刚度矩阵 K,也可以同时修改结构的刚度矩阵 K 和质量矩阵 M,还可以只修正质量矩阵 M 或刚度矩阵 K 中的非零元素或加权系数。下面对矩阵型修正方法的研究进展进行介绍。

1971 年 Berman 等[45]研究了以质量矩阵 M 和刚度矩阵 K 的对称性作为约束条件,把结构的质量矩阵 M 和刚度矩阵 K 的最小加权范数作为修正目标函数,结合结构振型的正交性特性,用约束极小化方法实现有限元模型的修正。

1975 年 Chen 等[46]、1976 年 Stentson 等[47]分别研究了采用矩阵摄动方法实现有限元模型修正的有效性。根据结构质量矩阵 M 和刚度矩阵 K 的正交性,推导出一组线性超定方程组,并采用最小二乘法求出结构质量矩阵 M 和刚度矩阵 K 的修正量 ΔK 和 ΔM。

1978 年 Baruch 等[48]以质量矩阵为已知条件,采用试验模态数据建立使有限元模型模态与试验测试模态之差的质量加权模最小的目标函数,求出修正后的正交模态。然后建立使修正前后刚度矩阵之差的质量加权模最小的目标函数,并求解出修正后的刚度矩阵。采用这种方法不足的地方是修正后的刚度矩阵破坏了原模型中的带状性,从而失去了原有的物理意义。

1980 年 Chen 等[49]对矩阵摄动理论做了进一步的理论分析,推导出质量矩阵 M 和刚度矩阵 K 的修正公式,通过试验验证了此修正方法的有效性。

1983 年 Berman 等[50]对矩阵摄动方法再进行改进,利用试验测试模态数据的前几阶频率和与频率对应的不完整模态,结合正交性条件对质量矩阵 **M** 和刚度矩阵 **K** 进行修正。这种方法可能使原先是零的元素变为非零元素,原先矩阵的带状性丧失了,同时原先矩阵的对称性和稀疏性也可能被破坏,因此修改后的模型失去原先的物理意义,而且求解过程也更复杂。

1985 年 Kabe[51] 提出仅修改矩阵中非零元素的修正方法,以运动方程为约束函数,根据矩阵元素变化量的最小值,得到刚度矩阵 **K** 的修正公式。这种修正方法在物理意义上使修正后的刚度矩阵 **K** 保留了原来的带状特性,是模型修正技术上的一大进步。但选定哪些非零元素进行修正主要依靠经验或由误差分析技术确定,而且只对刚度矩阵 **K** 进行修正,这种修正方法局限性较大。

1985 年 Heylen[52] 提出了一种综合性的有限元模型修正方法,首先采用正交性条件对矩阵进行修正,然后采用灵敏度分析法对矩阵元素进行修正。

2. 参数型修正方法

参数型修正方法以结构参数(如密度、弹性模量、截面积等)作为修正对象,这种方法在修正后可以很好地保留结构的动力学特性,因此常被采用。目前采用灵敏度分析方法来修正模型参数的研究和应用最为广泛。

基于灵敏度的模型修正方法可以确保修正结果的物理意义保持不变,克服了矩阵型修正方法的缺陷。通过建立目标函数表示结构响应的有限元模型模态参数和试验测试模态参数之间的差异,一般采用目标函数的残差来反映,然后通过优化算法使目标函数的残差最小。可见,修正问题实际上是一种优化问题,也就是对修正参数进行最优化修改,直到残差最小。

1998 年 Fritzen 等[53] 采用基于灵敏度分析的模型修正方法成功识别出铝板损伤位置,并考虑了建模误差对损伤定位精度的影响;基于代表完好结构振动和局部损伤结构振动的有限元模型,建立了基于频响函数的灵敏度方程;利用正交性条件从大量损伤参数中选出一个或两个指标识别出结构的局部损伤。

2003 年 Görl 等[54] 对一榀三维钢框架用所测得的原始未损伤结构的模态参数建立有限元模型。所选择的参数通过优化算法确定,使测试和分析固有频率和模态振型的目标函数最小,参数选取保持修正后模型的物理意义。再通过比较未损坏刚度参数和损坏结构的变化,确定结构的损伤程度。

2006 年 Jaishi 等[55]采用模态柔度残差建立目标函数,对实验室一个钢筋混凝土简支梁成功地进行了损伤识别。

2007 年 Hu 等[56]提出一种直接调整物理特性的模型修正方法,称为交叉模型交叉模态(CMCM)方法。这种方法基于有限的低阶振型和频率,可以同时修正质量矩阵 M 和刚度矩阵 K。对两个结构模型(一个剪切型的结构模型和三维框架结构模型)进行数值分析,结果表明 CMCM 方法是非常有效的模型修正方法。

2007 年、2008 年 Perera 等[57-58]综合运用多目标函数优化算法和遗传算法成功地对一个试验梁和一座实桥的损伤进行了识别。

2009 年 Perera 等[59]提出了一种新识别算法,该方法基于有限元模型修正,并考虑建模误差使用模态数据评估结构损伤。有限元模型和试验测试模型损伤前后振型和频率的差代替了振型和频率本身,无须基准模型,即直接在目标函数中考虑初始模型的建模误差。

2009 年 Perera 等[60]对不同目标函数的组合进行了比较研究,对模型的可靠性和有效性进行了评估,结果表明:目标函数的选择和有限元模型的细化程度都会影响结构损伤识别的精度。

2012 年李英超[61]提出基于灵敏度分级的多阶段模型修正方法,首先对初选的修正参数进行灵敏度分析并排序分级,然后优选出修正参数。该方法改善了修正方程的病态性;逐级求解排列分级的修正参数,将低灵敏度参数的修正求解精度大大提高。该方法的有效性通过导管架平台结构的数值分析进行了验证。

2015 年傅奕臻等[62]提出了一种基于响应灵敏度分析的有限元模型修正法,将结构的局部损伤模拟为板结构弹性模量的减少,利用结构的模态参数对平板结构的局部损伤进行有限元模型修正和损伤识别。该方法能有效地识别出板类结构的局部损伤,需要测点数少,识别精度高,对噪声不敏感。

1.2.4 钢管混凝土检测技术

随着钢管混凝土结构在工程中应用的逐年增加和研究的深入,钢管混凝土结构的损伤识别问题引起了国内外很多学者的关注。

1984 年同济大学材料系研究了利用超声脉冲方法对钢管混凝土的材料质量和强度进行检测的有效性和可行性,关于钢管混凝土缺陷检测的研究成果已编入《超声法检测混凝土缺陷技术规程》(CECS 21—2000)。

1996 年邱法维等[63]研究了水平往复荷载作用下钢管混凝土柱的累积耗能问题,根据试验调整耗能因子,得到了适用于钢管混凝土结构的双参数累积损伤模型。

1997 年潘绍伟等[64]研究了采用低频超声波检测技术对钢管混凝土拱桥所使用混凝土质量的有效性进行检测的方法,并以万县长江大桥为例,证明了超声方法的准确性。

2003 年姜绍飞等[65]研究了钢管混凝土的工作及硬化机理,提出钢管与混凝土协同工作、黏结强度和混凝土的密实性等影响使用性能的问题,提出了分别针对钢管、核心混凝土和钢管混凝土整体结构的控制与检测技术。

2003 年黄新国[66]研究了基于波的绕射理论用于钢管混凝土表面检测的技术可行性和有效性,通过对钢管混凝土柱进行试验研究,结果证明了采用小波分析方法对损伤位置和损伤程度进行评定的准确性。

2006 年周先雁等[67]研究了采用超声波进行钢管混凝土质量检测和评价的方法,通过模型试验证明了用超声波法和冲击回波法的可行性和有效性。

2007 年郭蓉等[68]通过方钢管混凝土柱在低周反复荷载作用下的滞回性能试验,建立了适合方钢管混凝土柱的双参数地震损伤模型。

2012 年许斌等[69]研究了钢管混凝土柱内部混凝土与钢管壁黏结状况监测技术,提出基于小波包能量谱的加权相对变化损伤指标,并采用该指标对试验模型的界面损伤区域进行了准确识别。

2013 年张敏等[70]以混凝土钢管拱桥为试验平台,使用松动吊杆端部锚具制造不同程度的松弛损伤,对损伤前后拱桥进行振动测试,按照网络拓扑情况,利用功率谱密度曲率差法成功地对钢管混凝土拱桥吊杆损伤进行了识别。

2016 年邓海明等[71]提出一种基于压电陶瓷激励与传感技术的钢管混凝土柱界面黏结缺陷检测方法。该方法将嵌入式压电功能元和粘贴在钢管外壁的压电陶瓷片分别作为驱动器和传感器,比较不同频率简谐信号下传感器测量幅值,发现界面剥离区域传感器测量信号幅值明显小于无剥离区域传感器信号幅值,探讨了不同激励频率下定义的损伤指标的变化。

综合上述钢管混凝土结构的损伤检测研究现状,可以看出现有的理论和方法在应用于钢管混凝土结构损伤识别过程中,还有不少的问题有待研究和解决。

(1)研究质量检测多,研究损伤识别少。对钢管混凝土结构的检测有原材料、焊接质量、核心混凝土的强度及缺陷等。对钢管的质量控制一般采用超声波探伤和 X 射线两种无损检测方法。钢管内浇注的混凝土属于隐蔽工程,混凝土的浇注质量是无法直观检查的,对核心混凝土的质量检测方法主要采用敲击法、回弹法、岩芯取样法、拔出法、预留试块法和超声波法等。对钢管混凝土(结构)整体研究较少,特别是对钢管混凝土结构因各种灾害(如地震、风灾、火灾)引起结构损伤的识别研究还很少。

(2)损伤检测原理可行,操作困难,精度不高。钢管混凝土浇筑困难,常存在缺陷,如空洞、脱空、裂缝等。由于钢管内混凝土隐蔽性和施工时的随机性,对其进行有效的检测(不漏测、定量)还存在很大的技术难度。对钢管混凝土进行缺陷检测通常采用局部开孔或依靠人工敲击。如果开小孔、减少测点,则很难检查出问题;如果开大孔、增加测点,则会损伤钢管混凝土结构受力性能,影响结构的质量和安全。而敲击法只能大致判断钢管壁与混凝土的黏接状况,在很大程度上依赖检测人员的经验,主观性太强。

(3)局部诊断多,整体诊断少。目前工程中钢管混凝土结构质量检测对象主要集中在钢管混凝土框架柱、梁、节点以及平面框架结构上。针对钢管混凝土结构整体和空间钢管混凝土框架结构的损伤诊断尚没有报道。

1.3　加固方法及研究现状

1.3.1　CFRP 加固钢管混凝土

与美国、日本等发达国家相比,我国对钢管混凝土结构的研究较晚,但近几年发展快速,成果丰硕,在世界上处于领先水平。钢管混凝土结构的震害在以往地震中还没观测到,但对不确定性的地震而言,相应的加固理论准备还是有必要的。

20 世纪 80 年代末至今,美国、日本及欧洲部分国家的许多高等院校、材料生产厂家和科研机构都相继加大了研究和应用碳纤维布(CFRP)用于结构加固修复上的投入,目前在 CFRP 加固的抗剪、抗弯、搭接锚固、抗压、延性及疲劳性能方面的研究已取得了较为显著的成果,对 CFRP 加固设计原则、材料的规定和施工管理等也有了具体的规程和详细的指南说明[72],并在此基础上形成了促进该项技术研发和应用的各种国际协会。

我国对采用 CFRP 对结构进行加固的研究较晚,但在抗剪、抗弯、抗震、抗压、延性、抗疲劳、锚固措施等方面都展开了研究,并取得了很多成果。2000 年 6 月我国第一次召开纤维增强复合材料(FRP)混凝土结构学术会议,揭开了我国 CFRP 加固技术研究的新篇章。2003 年 5 月,《碳纤维片材加固修复混凝土结构技术规程》(CECS 146-2003)开始实施。2016 年 1 月,《纤维增强复合材料加固钢结构技术规程》顺利通过了中国冶金建设协会组织的,由 11 名专家组成的专家审查组的审定。该规程通过加固材料要求、加固设计、加固工程施工与质量检验等环节的规定,形成了应用 FRP 加固修复钢结构的技术体系,扩展了 FRP 加固结构技术的工程应用领域,为促进结构加固行业技术升级做出了重要贡献。

CFRP 以前多用来加固修复砖混结构和钢筋混凝土结构工程,近年来经学者研究解决了 CFRP 加固钢结构的黏结性、抗疲劳性和耐久性三大关键技术难题,受此启发,部分学者尝试利用 CFRP 加固钢管混凝土结构。目前,采用 CFRP 对钢管混凝土结构进行加固的研究已经取得了一些成果。

2003 年王庆利等[73]基于国内外钢管混凝土结构和 FRP-钢管混凝土结构的研究及应用情况,研究了圆截面 CFRP-钢管混凝土结构形式,对这种新型组合结构的可行性进行了分析,并对材料的本构关系、材料的相互作用、CFRP 的约束效应、CFRP 配置率等问题进行了探讨。

2003 年庄金平[74]对火灾后钢管混凝土柱采用 FRP 加固的滞回性能进行

了试验研究和数值分析,结果表明:火灾后钢管混凝土柱经过加固后的承载力和刚度均得到一定程度的恢复,随着 FRP 加固层数的增加,承载力和刚度也恢复得更好;随着 FRP 加固层数和含钢率的提高,试件水平承载力和延性有所提高;钢管混凝土核心混凝土强度和轴压比对试件的承载力影响不大。

2004 年顾威等[75]采用 CFRP 对圆钢管混凝土轴压短柱进行了加固研究,分析了钢管约束效应系数和 CFRP 约束效应系数对加固后轴压短柱极限承载力的影响。结果表明:随着 CFRP 厚度的增加,钢管混凝土短柱极限承载能力相应提高;钢管的约束效应越大,CFRP 对钢管混凝土短柱极限承载力的提高幅度越小。

2005 年庄金平等[76]分别开展了 9 个 FRP 约束钢管混凝土短柱的轴压试验和 14 个火灾后钢管混凝土柱抗震性能的试验研究,进一步讨论了采用 FRP 对钢管混凝土结构进行加固修复的可行性。

2005 年何文辉等[77]采用 CFRP 和 GFRP(纤维强化塑料)对钢管混凝土结构进行约束试验研究,结果表明:在钢管混凝土柱易出现塑性铰的部位增设横向约束材料,能有效改善钢管混凝土柱试件的延性;提出的约束钢管混凝土复合柱克服了传统钢管混凝土柱在抗震性能上的缺陷,并给出了新的钢管混凝土柱结构选型。

2005 年陶忠等[78]对矩形截面 FRP 约束钢管混凝土轴压柱性能进行了试验研究,结果表明:FRP 约束钢管混凝土柱能充分发挥钢管混凝土和 FRP 约束混凝土的优越力学性能,试件承载能力得到提高的同时,还保持较好的延性;采用的 FRP 层数越多,试件的承载力提高越大。论文还从理论上推导了 FRP 约束钢管混凝土轴压柱的承载力简化计算公式。

2005 年赵颖华[79]推导出轴压 CFRP-钢管混凝土复合柱结构中组成材料的应力解析表达式,并通过试验进一步验证了解析表达式的正确性,研究结果表明:与普通钢管混凝土柱相比,CFRP-钢管混凝土柱在轴压下承载能力有大幅度提高,并且套筒的紧箍作用提前发生。

2005 年卢亦焱等[80]对钢管混凝土受压柱提出一种用 CFRP 进行加固的专利:先对钢管混凝土柱的钢管表面进行清理,再用 CFRP 以单向或者多向排列的方式对钢管周围进行缠绕加固。

2005 年 Xiao 等[81]采用 FRP 对钢管混凝土柱容易发生屈曲破坏的部位进行预约束,并在 FRP 与钢管之间设置缓冲区,通过对试件的轴压及抗震性能进行试验研究,发现利用 FRP 加固钢管混凝土柱后,试件的承载力、延性和抗震性能等都得到明显的改善。论文同时推导出 FRP 约束钢管混凝土柱局部屈曲的理论模型。

2006 年顾威等[82]研究了 CFRP-钢管混凝土轴压短柱的承载力计算理论,基于核心混凝土、钢管和 CFRP 三种材料的受力状态,采用极限状态平衡方法推导出 CFRP-钢管混凝土轴压短柱承载力计算表达式,并通过试验进行了验证。

2006 年王茂龙等[83]对采用 CFRP 加固高温处理后的圆钢管混凝土轴压短柱承载力进行了试验研究,分析了不同温度和不同约束效应系数对 CFRP-圆钢管混凝土短柱轴压承载力的影响规律,结果表明:高温后钢管混凝土承载力和弹性模量随温度的升高而降低,加固后可以使试件的承载力得到明显的提高。论文还推导出简化的承载力计算公式,并通过试验对公式进行了验证。

2006—2007 年王庆利等[84-86]对圆截面 CFRP-钢管混凝土受弯构件的力学性能进行了试验研究,结果表明:仅环向缠绕 1 层 CFRP 对圆钢管混凝土受弯构件的承载力没有明显的影响;圆 CFRP-钢管混凝土受弯构件要比圆截面 FRP-混凝土受弯构件延性好;受弯构件挠度随着纵向 CFRP 层数的增大而减小,纵向 CFRP 可以明显提高构件的刚度;承载力随着纵向 CFRP 层数的增大而增大。

2007 年高轶夫[87]基于平截面假定和构件挠曲线为正弦半波曲线假定,采用纤维模型法建立了 FRP-钢管混凝土受弯构件弯矩-曲率的分析模型,通过试验验证了所建立模型的有效性,证明了对 CFRP-钢管混凝土受弯构件采用纤维模型方法进行数值模拟分析的可行性和有效性。

2007 年顾威等[88]对 CFRP 钢管混凝土轴压柱的承载力以及 CFRP 对钢管混凝土轴压柱承载力的提高效果进行了试验研究,结果表明:CFRP 对提高钢管混凝土轴压柱的承载力是十分有效的;随着 CFRP 约束效应系数的增加,

CFRP 对试件承载力的提高率也相应增加,但随着长细比的增加而减小,当长细比达到一定值时,提高率为零;根据试验引入钢管混凝土柱的长细比影响折减系数,推导了 CFRP 钢管混凝土轴压柱承载力的计算公式,计算结果与试验结果吻合较好。

2007—2008 年 Tao 等[89-90]对采用 FRP 加固火灾后钢管混凝土构件的压弯性能和滞回性能进行了试验研究,结果表明:CFRP 加固钢管混凝土压弯构件后,承载力有一定程度的提高,刚度提高不明显,延性有所增加;加固后构件承载力随着偏心率和长径比的增加而降低;采用 CFRP 加固火灾后钢管混凝土结构的低周反复荷载试验结果表明加固后构件的承载力、刚度和延性均有所提高。

2008 年姜桂兰等[91]基于静力平衡方法原理,推导了圆 CFRP-钢管混凝土受弯构件的极限弯矩简化计算表达式,通过算例计算结果与试验结果的比较,证明计算表达式的有效性。根据计算分析,钢管约束效应系数、CFRP 约束效应系数和纵向 CFRP 抗拉系数等均对受弯构件的极限弯矩产生明显影响。

2009 年王庆利等[92]进一步对 CFRP-钢管混凝土扭转性能进行了试验研究,结果表明:采用纵向 CFRP 加固的试件发生的是 CFRP 与钢管之间的黏结破坏;采用环向 CFRP 加固的试件发生的是 CFRP 或钢管的材料强度破坏;试件在达到受扭极限承载力之前基本符合平截面假定,CFRP 能够与钢管共同工作;纵向 CFRP 和环向 CFRP 都可以在一定程度上提高试件的抗扭承载力。

2009 年韦江萍[93]基于双剪统一强度理论,考虑中间主应力和 CFRP 对内层钢管混凝土的环向紧箍作用,推导出 CFRP 加固钢管混凝土轴压短柱的极限承载力计算公式,并用试验验证了理论公式的有效性。

2010 年 Liu 等[94]通过改变 FRP 类型、钢管壁厚和混凝土强度等级,开展了 FRP 加固钢管混凝土轴压短柱的试验研究,结果表明:采用 FRP 加固钢管混凝土短柱后承载力有较大幅度的提高。论文还推导出 FRP 加固钢管混凝土柱的承载力计算公式,算例计算结果与试验结果吻合较好。

2010 年陈忱[95]采用大型有限元软件 ABAQUS,以侧向冲击 CFRP 和 GFRP 钢管混凝土柱为分析对象建立有限元模型,通过对 FRP 种类、层数、包裹形式以及钢管的厚度等不同的冲击力工况进行模拟,得出不同因素对 FRP 钢管混凝土柱抗冲击性能的影响,并将试件的模拟结果与试验数据进行了比较,证实了 FRP 的应用可以有效地改善钢管混凝土的抗冲击性能,其中 CFRP 的加固效果尤为显著。

2010 年 Park 等[96]对 CFRP 加固方钢管混凝土轴压和偏压柱的抗震性能进行了试验研究,结果表明:对于轴压构件,CFRP 限制了钢管的屈曲能力,试件延性提升,随着 CFRP 加固层数的增加,试件承载能力小幅提升;对于压弯构件,极限承载力也随着 CFRP 加固层数的增加而小幅提高,随着 CFRP 加固层数的增加,钢管混凝土柱的屈曲能力也随之提高,因而明显提升了构件的延性。

2011 年车媛等[97]对圆截面 CFRP-钢管混凝土压弯构件的滞回性能进行了试验研究,结果表明:CFRP 对钢管混凝土柱有明显的环向和纵向增强作用,试件跨中荷载-挠度滞回曲线及弯矩-曲率滞回曲线饱满;试件后期承载力随轴压比的增大而下降,经 CFRP 加固后的构件强度退化不明显;轴压比和纵向 CFRP 约束效应的加大可以提高抗弯承载力和刚度,减缓刚度退化,但会使延性和耗能减小。

2011 年张力伟等[98]利用声发射技术对 CFRP 钢管混凝土在弯曲荷载作用下的破坏过程及声发射变化规律进行了试验研究,结果表明:整个破坏过程可分为弹性段、弹塑性段、下降段和软化段四个阶段,声发射参数变化及波形特征与试件破坏过程表现出较好的对应关系。论文还证明了利用声发射技术对 CFRP 钢管混凝土弯曲过程损伤程度和破坏历程进行监测的有效性。

2011 年 Hu 等[99]采用较大径厚比的薄壁钢管混凝土短柱进行 GFRP 加固的抗震性能试验研究,结果表明:采用 GFRP 加固对抑制和延缓试件的钢管局部屈曲十分有效,试件的承载能力及延性提高明显,而且核心混凝土的工作性能也得到了相应改善。

2011 年 Sundarraja 等[100]对单向 CFRP 加固方钢管混凝土柱的抗弯性能进行了试验研究,加固位置选择在柱容易出现塑性铰处,加固方式为受拉区纵向加固,结果表明:采用 CFRP 加固的试件在加载过程中过早地出现了 FRP 与钢管的界面剥离破坏,采用环向 CFRP 锚固可以避免这种破坏现象的发生。文中还采用非线性大型有限元软件 ANSYS 12.0 对试验模型进行了验证。

2012 年李杉等[101]对 FRP-圆钢管混凝土柱抗剪性能进行了试验研究,分析了剪跨比、轴压比、含钢率、混凝土强度、FRP 层数等对 FRP-圆钢管混凝土柱抗剪性能的影响,结果表明:含钢率和剪跨比对 FRP-圆钢管混凝土柱的抗剪承载力影响显著,抗剪承载力随剪跨比的增大而减小,随含钢率的增大而增大;提高混凝土强度、增大轴压比和增加 FRP 层数都能在一定程度上提高试件的抗剪承载力;推导出的 FRP-圆钢管混凝土柱抗剪承载力计算公式能与试验结果较好地吻合。

2012 年 Li 等[102]针对 FRP-钢管混凝土柱破坏过程中环向应变通常低于 FRP 平面单向拉伸所得到的极限拉应变这一现象,对 FRP-钢管混凝土柱的环向应变效率进行了研究,结果表明:包裹 FRP 过程中,FRP 起始端与终止端的几何不连续性是导致这一现象的主要原因。基于完全弹塑性的材料特性,建立了几何不连续性对环向 FRP 断裂应变影响的有限元分析模型,对 FRP 断裂应变进行计算,计算结果与试验结果吻合程度较高。

2011—2013 年 Sundarraja 等[103-107]开展了 CFRP 板加固方钢管混凝土柱轴压抗震性能的试验研究,分析了 CFRP 板厚度、宽度和加固间距等对试件抗震性能的影响,结果表明:环向 CFRP 板加固能够有效提高钢管混凝土柱的承载能力,并延缓钢管的局部屈曲,提高柱的延性;同时推导出 CFRP 板加固方钢管混凝土柱的理论分析模型,将理论计算结果与试验结果进行比较,发现吻合良好。

2012 年董江峰等[108]开展了薄壁钢管再生混凝土轴压短柱的抗震性能试验研究,其中 6 个试件采用外贴 CFRP 进行加固,研究全包加固和半包加固形式对薄壁钢管再生混凝土短柱的极限承载力、变形能力、刚度和破坏形态的影响,分析了不同再生骨料替代率、钢管截面形式、加固面积比及钢管长径比对加固效果的影响,结果表明:全包加固和半包加固形式均可明显提高试件的极限承载力和变形能力,改变其破坏模式和提高其整体刚度;碳纤维加固面积比越大,试件极限承载力和变形能力提高幅度越大,但其提高程度并不与加固面积成正比;对于不同长径比的薄壁钢管再生短柱,不同加固方式对其加固效果影响差别不大。

2013 年闫煦等[109]开展了方截面 CFRP-钢管混凝土压弯构件的滞回性能试验研究,结果表明:纵向 CFRP 能显著提高方截面钢管混凝土柱的抗弯承载力,轴压比在一定程度上也可以提高方截面 CFRP-钢管混凝土压弯构件的承载力,有利于提高抗震性能;算例表明构件强度在往复荷载作用下出现一定程度的退化,轴压比及纵向 CFRP 约束效应系数的提高可以使试件的刚度提高,延缓试件的刚度退化。

2013 年李辉、顾威等[110-111]采用了玄武岩纤维增强复合材料(BFRP)和 CFRP 分别加固圆钢管混凝土短柱,对轴压性能进行了理论和试验研究,考察 FRP 加固层数对试件轴压承载力的影响,结果表明:轴压承载力随着混凝土强度等级、FRP 层数、钢管壁厚度的增大而增大,CFRP 综合性价比相对 BFRP 要更好,因此可优先考虑采用 CFRP。

2013 年 Karimi 等[112]开展了 FRP 加固钢管混凝土轴压长柱受力性能的理论和试验研究,分析了直径大小、FRP 加固层数、FRP 弹性模量和柱长细比等因素对轴压试件的承载力影响,结果表明:钢管混凝土长柱轴压承载力随着直径、FRP 加固层数、FRP 弹性模量、含钢率的增大而增大。

2013 年 Teng 等[113]基于混凝土主动约束模型、约束混凝土侧向应变模型和混凝土侧向约束应力模型,采用增量迭代方法对 FRP-钢管混凝土中混凝土的应力-应变关系进行了研究,结果表明:与 FRP 约束混凝土相比,核心混凝土的裂缝发展在加载初始阶段更为显著,理论计算结果也揭示了这一规律。

2014 年许成祥等[114]采用 CFRP 加固梁端和柱端的方式对方钢管混凝土柱-钢梁节点进行加固,对加固前后的试件进行了低周反复荷载试验,分析了不同损伤程度下节点的抗震性能及加固效果,结果表明:所采取的加固方式保证了"强柱弱梁"的抗震延性设计目标,加固后试件破坏形态仍为钢梁弯曲破坏;碳纤维布加固提高了试件承载力,明显改善了试件的抗震性能;在一定的损伤程度下,加固后试件的抗震性能恢复并超过加固受损前。

1.3.2 加焊钢板加固梁技术

按照所选用的加固材料和连接方式,对钢结构进行的加固可分为焊接钢板加固、螺栓连接钢板加固、粘贴钢板加固和粘贴纤维增强复合材料加固等[115]。

钢管混凝土柱-钢梁框架结构中梁为钢构件,从整体层次对钢管混凝土柱-钢梁框架结构进行加固时,可以针对构件的受力特点和加固方式的特性,对钢管混凝土柱-钢梁框架结构中的柱构件采用碳纤维布加固的同时,借鉴钢结构的加固方法,对钢梁构件采用焊接钢板方式进行加固。

由于焊接钢板加固具有耐久性好、可靠性高和施工便捷等优点,广泛地应用于工程加固实践中。这种加固方式使加固钢板和原构件协同工作,增大了构件的有效截面,从而达到加固修复的目的。针对焊接钢板加固方式的理论和试验研究有很多,有钢板形状的选择、尺寸的优化、加焊钢板的焊接方式等研究内容,目的是改善焊接钢板加固后试件的受力性能和降低焊接的施工难度。

1988 年 Brown[116]按照美国钢结构学会要求,采用一个简化模型推导出持载下焊接加固柱的承载力计算公式,算例计算结果表明:加固方式和初始荷载大小显著影响加固后钢柱的承载能力。

1990 年 Marzouk 等[117]从弹性和非线性的角度,探讨了焊接加固柱强度曲线发展的理论和分析方法,发现焊接顺序也会影响残余应力的大小和分布;基于稳定的大变形理论的非线性有限元分析,并考虑冷却残余应力和焊接残余应力的影响,用于计算加固柱的临界荷载,通过一系列的试验测量了焊接应力,结果发现实际焊接应力分布非常接近抛物线分布。

1996 年郭寓岷等[118]研究了持载下结构焊接加固的可行性,通过对持载下构件的拉、压试验,得到了持载下焊接加固的极限荷载、变形规律和焊缝承载能力,总结了进行焊接变形控制以及确保结构安全的焊接加固方法。

1998 年 Anderson 等[119]提出的焊接钢板加固方法较简单:上下加焊钢板对称布置,宽度和梁翼缘相同;加焊钢板与柱翼缘采用全熔透对接焊缝焊接;加焊钢板两侧与梁翼缘采用部分熔透焊缝连接;加焊钢板端面采用角焊缝与梁翼缘连接。这种加固方案还是难以保证加焊钢板两侧的部分熔透焊缝施工质量,尤其是对需要仰焊施工的下翼缘焊缝。

1998 年 Engelhardt 等[120]对 12 个采用加焊钢板加固的大型连接试件进行了试验研究,试验中加焊钢板均为梯形,钢板两侧采用角焊缝焊接,下翼缘加焊钢板比梁翼缘宽,可以在上面采用角焊缝与下翼缘连接,取消了钢端部的角焊缝。试验过程中有 10 个试件在反复荷载作用下出现了塑性转动,显示了加焊钢板加固的优越性能,另外 2 个试件试验不成功,但这并不表明加焊钢板是不可行的。论文还指出这种加固连接方式受设计和施工的限制,提出了一种对加焊钢板连接进行评估的方法,对可能的优点和缺陷进行了全面的分析。

2000 年 FEMA[121] 对截至 2000 年采用焊接钢板加固的试验研究所制作的 50 个试件进行了全面的总结和分析,从已发表的论文和研究报告来看:对于加焊盖板加固节点的受力性能,大量文献都肯定了其优势,与理论计算结果基本相同,塑性铰均发生在距离盖板末端梁高的 1/3~1/2 位置,相对塑性转角一般均能达到 0.03 rad 以上,有效地消耗了地震输入的能量。

2002 年 Kim 等[122] 分别对采用 5 个盖板和 5 个翼缘板加强连接的 W14×176 柱和 W30×99 梁进行了试验研究,结果表明:采用盖板或者翼缘板加固后基本都提高了试件的性能,而且翼缘板加固效果比盖板更显著;矩形加强板优于梯形板,三面角焊缝应该用于连接加强板和梁翼缘;由于下盖板末端与梁下翼缘没有进行焊缝连接,所以试件的塑性铰向盖板部位偏移,而且应力在加固部位的梁翼缘出现增大现象,不利于盖板两侧焊缝受力性能的保持。

2005 年王德锋等[123] 对某钢结构多层厂房进行加固时,比较了粘钢加固和焊接钢板加固两种方案,经过经济比较和施工技术论证,选用了焊接钢板加固的方案,通过对加固前后节点设计的计算分析,对梁和柱均进行了焊接钢板加固,效果良好。

2006 年张涛等[124] 采用有限元分析软件 ANSYS 对某制药单层轻钢厂房的刚架梁和节点域进行分析计算,结果表明:采用焊接钢板加大结构构件截面,通过设置斜向的加劲肋和加腋方式进行加固能够有效地降低构件应力。加固后改变了节点原有的受力状态,因此对节点域和刚架梁进行加固的同时,还应验算刚架柱的强度。

2006—2007 年王艳艳、张凌、郭蓉、王铁成等[125-128] 先后对一榀二跨三层的方钢管混凝土框架结构进行了拟静力破坏性试验,并开展了此破坏后结构加固修复后的抗震性能试验研究。加固修复方式是在节点焊缝开裂处进行补焊,并在工字型钢的上下翼缘各加焊了竖向肋板和横向肋板,同时适当削弱结构的梁端,做成"狗骨式"的节点,如图 1-2 所示。结果表明:加固修复后的承载力、刚度和延性比加固前有较大提高;加固后框架的破坏形态与原框架相同,均表现为梁端屈服破坏;加固后整体结构依然符合"强柱弱梁"的设计原则。

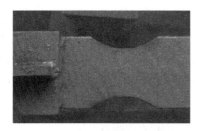 

(a)"狗骨式"的节点　　　　　　　　(b)加固后节点

图 1-2　节点图

2007 年 Gannon[129]对负载下采用焊接钢板加固的钢梁进行了试验研究,分析钢梁在负载下焊接加固后的承载力,结果表明:加固前的荷载大小对弯曲破坏模式下的极限承载力影响不明显,但对弯扭失效模式下的极限承载力影响非常显著。

2009 年 Liu 等[130]对持载下钢梁采用焊接钢板加固后进行了试验研究,分析了预载大小、加固截面和跨度等因素对加固后钢梁承载力的影响。试验采用了两种方式:第一种是仅在钢梁下翼缘外侧焊接钢板;第二种是在平行截面腹板的方向焊接钢板形成箱型截面。结果表明:采用第一种加固方式的试件出现明显的侧扭屈曲失稳破坏,初始持载的大小对试件的侧扭屈曲承载力影响较大,但初始持载的大小对试件的极限承载力影响很小。

2009 年 Liu 等[131]进一步利用有限元分析软件 ANSYS 对持载下钢梁采用焊接钢板加固后进行了数值模拟研究,分析了初始荷载大小、初始缺陷和加固钢板长度等因素对加固后钢梁极限承载力的影响。结果表明:随着初始荷载的增大,试件在横向扭转屈曲模式下的极限承载力降低;未加固梁的初始缺陷的变化也影响了加固梁的极限承载力;初始荷载的大小和初始缺陷对于梁的屈服破坏的影响是很小的。

2011 年龚顺风等[132]对某电厂负载下钢支架结构采用在钢柱翼缘外侧加焊钢板的方法,并在翼缘和钢板之间进行点焊,加强二者的协同作用。为了验证该方法的可行性,并计算出试件的非线性屈曲极限承载力,采用有限元分析软件 ANSYS 对加固前后钢柱进行数值模拟,模型考虑了钢柱的初始应力、初始缺陷、翼缘和加焊钢板之间的耦合作用等因素,对不同初始应力大小、加焊钢板厚度和柱子长细比进行非线性屈曲分析。结果表明:加焊钢板对提高钢柱的非线性屈曲极限承载力效果显著;初始应力越小,钢板厚度越厚,试件非线性屈曲极限承载力就越大;细长柱的非线性屈曲极限承载力增量较大,有更明显的加固效果。

1.3.3　存在的问题

综上所述,国内外学者对钢管混凝土结构加固修复进行了卓有成效的研究,并取得了大量成果,但该领域仍存在一些问题没有解决,有些问题的研究甚至尚属空白,这也是今后钢管混凝土加固修复研究的发展趋势。

(1) 研究对象与实际不符。到目前为止,对钢管混凝土结构加固修复研究主要集中在"构件层次"的钢管混凝土柱,而对钢管混凝土柱和梁组成结构的"整体层次"加固修复研究还未见文献报道。实际地震造成的损伤均是发生在"整体层次"的结构上,应从"整体层次"上对结构加固修复进行研究。

(2) 加固方案比较单一。直到目前,对钢管混凝土结构的加固修复方法仍是主要采用纤维增强复合材料,形式单一。如果从"整体层次"进行加固修复研究,宜结合加固材料特性和构件的受力特性,有针对性地选择加固方案。哪一种加固方案或哪几种加固方案搭配能更好地发挥加固作用,还需要进一步深入研究。

(3) 数值模拟方法复杂。加固后的钢管混凝土有三种力学性能各异的结构,有限元如何更真实地对加固后钢管混凝土结构进行模拟还是一个难题。钢材的本构模型、混凝土的本构模型、加固材料的本构模型、材料间的黏结滑移、钢管与混凝土的接触、加固材料与钢管的接触等都需要做进一步研究,以获取更精确的模拟结果,为钢管混凝土加固后抗震性能的分析和设计提供参考。

1.4 主要研究内容

针对大型复杂空间钢管混凝土结构震后损伤识别的研究空白,本书利用结构的模态参数对空间钢管混凝土框架带楼板结构的损伤识别方法进行了理论和试验研究,在总结前人关于敏感性分析方法和模型修正方法等研究成果的基础上,提出先对结构的模态参数进行敏感性分析,基于敏感性分析结果,再采用 CMCM 模型修正方法对空间钢管混凝土框架带楼板结构的损伤进行识别。

针对目前"结构层次"上的钢管混凝土框架结构加固研究空白,分别采用碳纤维布和碳纤维布及焊接钢板复合加固两种方法对损伤钢管混凝土框架结构进行加固修复的试验研究,探索和研究这两种加固方法的可行性和有效性。

本书是国家自然科学基金资助项目"震后钢管混凝土框架结构抗震性能评价及加固技术研究"的相关研究成果,具体研究内容如下。

(1)震后钢管混凝土框架结构损伤识别研究

设计一个比例为 1∶4 的 4 层钢管混凝土带楼板的空间框架模型,通过松紧梁柱连接板处的螺栓连接和柱端钢管进行切口损伤加工来模拟震后钢管混凝土框架结构损伤,进行脉冲激励模态试验,得到模型的试验模态参数。数值模拟钢管混凝土框架结构多种损伤工况下的损伤位置和损伤程度,选定适用于钢管混凝土框架结构的损伤识别方法对其进行损伤识别。从数值模拟和模态试验两方面进行结构损伤识别方法的验证,并分析其识别精度。

(2)震损钢管混凝土框架修复后受力性能试验研究

设计三榀比例为 1∶4 的两跨三层的钢管混凝土框架结构模型,通过拟静力试验模拟地震下的损伤。对震损后的结构分别采用两种加固方式:一种为碳纤维布加固修复;另一种为碳纤维布及焊接钢板复合加固修复。对加固修复后的结构再次进行拟静力试验。根据试验结果,得出框架顶层骨架曲线及相应的恢复力模型,研究震前和震后钢管混凝土框架的延性、耗能指标、极限荷载、极限位移、强度与刚度的退化等性能,评价两种加固方法的整体加固效果。

(3) 震损钢管混凝土框架修复后受力性能数值模拟

采用有限元分析软件 ABAQUS,在合理选择钢管、混凝土和 CFRP 三种材料本构关系的基础上,建立加固前后的钢管混凝土框架在低周反复荷载作用下的非线性有限元计算模型,将数值模拟分析结果与试验结果进行对比分析,进一步验证数值模拟震损钢管混凝土框架结构加固修复的有效性。

第 2 章　基于 CMCM 修正方法的损伤识别

2.1　模态分析理论基础

模态分析是对结构振动特性进行分析的一种方法。模态分析的经典定义是：将结构物理坐标系统中的振动微分方程组转换到模态坐标系统中，振动微分方程组解耦成为一组不相关的独立方程，求解出结构的模态参数。

根据对模态分析研究所采用的方法不同，模态分析可以分为计算模态分析和试验模态分析两种类型。计算模态分析属于结构振动分析的正问题，从结构的几何特性与材料特性等原始参数出发，采用有限元分析方法把连续的结构离散成有限个单元的模型——质量矩阵和刚度矩阵，再通过求解特征值得到结构系统的模态参数。试验模态分析是在激励力和系统响应的动力特性测试后，得到系统输入（激励力）和输出（响应）的数据，经信号处理和参数识别得到系统的模态参数。试验模态分析属于结构振动分析的逆问题，核心是模态参数的识别。

根据结构动力学理论，经过离散化处理后的 n 个自由度线性结构的振动可以用下式进行描述：

$$M\ddot{x} + C\dot{x} + Kx = f \qquad (2\text{-}1)$$

式中：M、C 和 K 分别表示结构系统的 n 阶质量矩阵、阻尼矩阵和刚度矩阵，一般均为实数对称矩阵，其中 M 为正定矩阵，K 为正定或半正定矩阵；x、$\dot{x}$、$\ddot{x}$ 分别表示各质点的 n 阶位移、速度、加速度响应列向量。

由式（2-1）可知，每个微分方程均含有结构振动系统各质点的物理坐标，所以其组成的微分方程组是耦合的。如果振动系统的自由度较多,方程组的求解将十分困难。模态分析所要解决的根本问题就是将上述耦合方程组转换成非耦合的独立方程组。

　　系统按某一阶固有频率做简谐振动时,系统中各质点位移的比值保持不变,呈现出特定的振动模式,简称振型。对这种特定振动模式进行描述的向量称为模态振型向量,也称为模态向量,模态向量具有正交性。

　　模态分析方法的实质就是利用振动系统的正交性,把各阶模态向量所组成的矩阵作为系统的变换矩阵,线性变换所选取的物理坐标,将以物理坐标和物理参数所描述的互相耦合运动微分方程组转换成为一组互相独立的方程,使每个方程只有一个独立的模态坐标。这组独立方程采用模态坐标和模态参数来描述,所以也称为模态方程。可见从实质上模态分析就是一种坐标变换,其目的就是解除方程的耦合关系,方程的求解变得更容易。因为坐标变换是线性的,原有物理坐标系中任意激励的响应都可以看作振动系统各阶模态的线性组合,因此模态分析方法一般又被称为模态叠加法。各阶模态在叠加过程中所占的权重大小主要取决于模态响应坐标。通常高阶模态的权重远小于低阶模态的权重,因此模态分析时只需要选取前几阶低阶模态进行叠加,就可以满足精度要求。

　　模态分析时,阻尼因其复杂性而较难进行分析。根据物理机制和表现形式的不同,阻尼模型分为无阻尼系统、黏性比例阻尼系统、一般黏性阻尼系统、比例阻尼系统和一般阻尼系统等类型。振动系统模态参数在不同阻尼模型下的性质是不同的。如果模态向量是实向量,则振动系统就是实模态系统;如果模态向量是复向量,则振动系统是复模态系统。实模态系统包含无阻尼和比例阻尼系统,而复模态系统包含一般阻尼系统。

2.1.1　无阻尼系统

2.1.1.1　固有频率及主振型

　　如果具有 n 个自由度的振动系统不考虑结构阻尼的影响,其振动微分方程可以表示为:

$$M\ddot{x} + Kx = 0 \tag{2-2}$$

假设方程的解是简谐振动形式,即:

$$x = \varphi e^{j\omega t} \tag{2-3}$$

式中:φ 是响应的 n 阶幅值列向量。

将式(2-3)代入式(2-2)中得:

$$(K - \bar{\omega}^2 M)\varphi = 0 \tag{2-4}$$

当 φ 为非零时,方程就是一个广义特征值问题,$\bar{\omega}^2$ 为特征值,φ 为特征向量。

式(2-4)也是以 φ 为变量的 n 阶线性齐次方程组,$(K - \bar{\omega}^2 M)$ 为方程的系数矩阵。方程有非零解的充分必要条件是方程系数矩阵行列式为零,即:

$$|K - \bar{\omega}^2 M| = 0 \tag{2-5}$$

式(2-5)是式(2-4)的特征方程,也是关于 $\bar{\omega}^2$ 的 n 次方程。假设没有重根,解方程得到 $\bar{\omega}$ 的 n 个正根 $\bar{\omega}_{0i}(i=1,2,\cdots,n)$,按升序排列,即:

$$0 < \bar{\omega}_{01} < \bar{\omega}_{02} < \cdots < \bar{\omega}_{0n}$$

$\bar{\omega}_{0i}$ 为振动系统的第 i 阶主频率,因为振动系统是无阻尼振动系统,所以主频率也就是固有频率。

将固有频率 $\bar{\omega}_{0i}(i=1,2,\cdots,n)$ 代入式(2-4),得到关于列向量 φ_i 的共 $n-1$ 个独立方程的方程组。求出 n 个线性无关的非零列向量 φ_i 的比例解,对其进行归一化得到振动系统的模态振型,也称为主振型。因为振动系统是无阻尼振动系统,所以主振型也称为固有振型。

$$\varphi_i = [\varphi_{1i}, \varphi_{2i}, \cdots, \varphi_{mi}]^T \quad (i=1,2,\cdots,n) \tag{2-6}$$

特征向量和特征值通常是成为振动系统的特征对出现。将 n 个特征列向量 φ_i 按列排成一个 $n \times n$ 阶矩阵:

$$\varphi = [\varphi_1 \quad \varphi_2 \quad \cdots \quad \varphi_n] \tag{2-7}$$

式(2-7)表示振动系统的特征向量矩阵,此特征向量就是模态向量,又称为振动系统的模态矩阵。

2.1.1.2 模态质量与模态刚度

把 $\bar{\omega}_{0i}^2$、φ_i 代入式(2-4)并左乘 φ_k^T,得:

$$\varphi_k^T(K - \bar{\omega}_{0i}^2 M)\varphi_i = 0 \tag{2-8}$$

再把 $\bar{\omega}_{0k}^2$、$\boldsymbol{\varphi}_k$ 代入式(2-4)中,转置后右乘 $\boldsymbol{\varphi}_i$,因为 $\boldsymbol{K}^{\mathrm{T}}=\boldsymbol{K}$、$\boldsymbol{M}^{\mathrm{T}}=\boldsymbol{M}$,得:

$$\boldsymbol{\varphi}_k^{\mathrm{T}}(\boldsymbol{K}-\bar{\omega}_{0k}^2\boldsymbol{M})\boldsymbol{\varphi}_i = 0 \tag{2-9}$$

式(2-9)与式(2-8)相减得:

$$(\bar{\omega}_{0k}^2-\bar{\omega}_{0i}^2)\boldsymbol{\varphi}_k^{\mathrm{T}}\boldsymbol{M}\boldsymbol{\varphi}_i = 0$$

假设没有重根,$i\neq k$ 时,$\bar{\omega}_{0k}^2-\bar{\omega}_{0i}^2\neq 0$,则:

$$\boldsymbol{\varphi}_k^{\mathrm{T}}\boldsymbol{M}\boldsymbol{\varphi}_i = 0\,(i\neq k) \tag{2-10}$$

当 $i=k$ 时,定义模态质量,也称为主质量,有:

$$m_i = \boldsymbol{\varphi}_i^{\mathrm{T}}\boldsymbol{M}\boldsymbol{\varphi}_i \tag{2-11}$$

质量矩阵 $\boldsymbol{M}$ 正定,所以 $m_i>0$。

把式(2-10)代入式(2-8)得:

$$\boldsymbol{\varphi}_k^{\mathrm{T}}\boldsymbol{K}\boldsymbol{\varphi}_i = 0\,(i\neq k) \tag{2-12}$$

当 $i=k$ 时,定义模态刚度,也称为主刚度,有:

$$k_i = \boldsymbol{\varphi}_i^{\mathrm{T}}\boldsymbol{K}\boldsymbol{\varphi}_i \tag{2-13}$$

质量矩阵 $\boldsymbol{K}$ 正定或半正定,所以 $k_i\geqslant 0$。

把式(2-11)和式(2-13)代入式(2-8)得:

$$\bar{\omega}_{0i}^2 = \frac{k_i}{m_i} \tag{2-14}$$

上述各式中,i 和 k 的值为 $1,2,\cdots,n$。

将式(2-10)~式(2-13)综合在一起,即:

$$\boldsymbol{\varphi}_k^{\mathrm{T}}\boldsymbol{M}\boldsymbol{\varphi}_i = \begin{cases} 0 & i\neq k \\ m_i & i=k \end{cases} \quad (i,k=1,2,\cdots,n) \tag{2-15}$$

$$\boldsymbol{\varphi}_k^{\mathrm{T}}\boldsymbol{K}\boldsymbol{\varphi}_i = \begin{cases} 0 & i\neq k \\ k_i & i=k \end{cases} \quad (i,k=1,2,\cdots,n) \tag{2-16}$$

式(2-15)和式(2-16)表明,振动系统第 k 阶振动中模态惯性力和模态弹性力在第 i 阶模态振动中做的功为 0,所以振动系统各阶模态振动之间是不能发生能量交换的,这一性质称为特征向量关于 $\boldsymbol{M}$ 和 $\boldsymbol{K}$ 的正交性。

式(2-15)和式(2-16)同时还表明,振动系统的模态质量 m_i 和模态刚度 k_i 与模态列向量 $\boldsymbol{\varphi}_i$ 的大小有关。$\boldsymbol{\varphi}_i$ 中各元素的比值虽然固定不变,但大小并不确定。振动系统模态向量 $\boldsymbol{\varphi}_i$ 大小不同，采用不同的归一化方法所得到的模态质量 m_i 和模态刚度 k_i 值也会不同。因为模态质量 m_i 和模态刚度 k_i 两者比值是确定的，如式(2-14)所示，所以单独讨论模态质量 m_i 和模态刚度 k_i 的数值大小并没有意义。

式(2-14)～式(2-16)也可以用矩阵形式表示：

$$\boldsymbol{\varphi}^{\mathrm{T}}\boldsymbol{M}\boldsymbol{\varphi} = \mathrm{diag}[m_i] \tag{2-17}$$

$$\boldsymbol{\varphi}^{\mathrm{T}}\boldsymbol{K}\boldsymbol{\varphi} = \mathrm{diag}[k_i] \tag{2-18}$$

$$\boldsymbol{\Lambda} = \mathrm{diag}[\bar{\omega}_{0i}^2] \tag{2-19}$$

式(2-17)表示模态质量矩阵，式(2-18)表示模态刚度矩阵，式(2-19)表示谱矩阵，diag 表示对角矩阵。

2.1.1.3 物理坐标和模态坐标

振动系统各阶模态之间具有加权正交的特性，因此振动系统各模态之间也一定是线性无关的。如果振动系统的 n 个正交向量 $\boldsymbol{\varphi}_i$ 组成并形成一个 n 维线性空间(模态空间)，那么在通常所采用欧氏空间中的任何一个 n 维向量 x，都可以被看成是基向量 $\boldsymbol{\varphi}_i (i=1,2,\cdots,n)$ 的线性组合，即：

$$x = \sum_{i=1}^{n} (\boldsymbol{\varphi}_i \boldsymbol{y}_i) = \boldsymbol{\varphi}\boldsymbol{y} \tag{2-20}$$

式中：矩阵 $\boldsymbol{\varphi}$ 是由振动系统各阶模态向量所形成的模态矩阵；向量 $\boldsymbol{y}$ 称为模态坐标，x 称为物理坐标。

由此可知，系统任一可能的振动 x 实质上是系统各阶模态 $\boldsymbol{\varphi}_i (i=1,2,\cdots,n)$ 按照一定比例线性叠加而成，而模态坐标 $\boldsymbol{y}_i$ 则是第 i 阶模态的参与因子。系统各阶模态 $\boldsymbol{\varphi}_i$ 在系统振动响应 x 中所参与的程度或贡献大小并不相同，并且各阶模态 $\boldsymbol{\varphi}_i$ 参与程度与外界激励大小没有任何关系。系统在任意初始条件下的自由振动和在任意激励作用下的瞬态振动中，低阶模态一般占主导地位，所以在工程实际中取前几阶低阶模态就能满足设计和使用的要求。

2.1.1.4 模态方程和坐标变换

把式(2-20)代入式(2-2)中后两边左乘 $\boldsymbol{\varphi}^{\mathrm{T}}$，再将式(2-17)、式(2-18)代入得：

$$\mathrm{diag}[m_i]\ddot{\boldsymbol{y}} + \mathrm{diag}[k_i]\boldsymbol{y} = \boldsymbol{\varphi}\boldsymbol{f} = 0 \tag{2-21}$$

可见，系统的振动方程在模态坐标系中被转换成一组解耦的独立微分方程，式(2-21)也可写成：

$$\ddot{\boldsymbol{y}} + \mathrm{diag}[\ddot{\omega}_{0i}^2]\boldsymbol{y} = 0 \tag{2-22}$$

2.1.1.5　模态参数与传递函数

为了利用在物理坐标系中测试得到的振动系统传递函数数据，对振动系统的模态参数进行识别，需要推导出一个重要的关系表达式，也就是采用系统模态参数表示的位移传递函数表达式。

n 个自由度的无阻尼系统的振动微分方程为：

$$\boldsymbol{M}\ddot{x} + \boldsymbol{K}x = \boldsymbol{f} \tag{2-23}$$

对式(2-23)进行拉普拉斯变换得

$$\boldsymbol{Z}(s)\boldsymbol{X}(s) = \boldsymbol{F}(s) \tag{2-24}$$

式中：$\boldsymbol{X}(s)$ 表示系统响应；$\boldsymbol{Z}(s) = s^2\boldsymbol{M} + \boldsymbol{K}$ 表示系统阻抗矩阵。$\boldsymbol{H}(s) = [\boldsymbol{Z}(s)]^{-1}$ 表示系统的传递函数矩阵。

由式(2-24)可知：

$$\boldsymbol{X}(s) = \boldsymbol{H}(s)\boldsymbol{F}(s)$$

把上式第 1 行展开后有：

$$X_l = H_{l1}F_1 + H_{l2}F_2 + \cdots + H_{lp}F_p + \cdots + H_{ln}F_n \tag{2-25}$$

式(2-25)中 H_{lp} 是 l 坐标点响应与 p 坐标点激励力之比，即：

$$H_{lp}(s) = \frac{X_l(s)}{F_p(s)} \tag{2-26}$$

质量矩阵 $\boldsymbol{M}$、阻尼矩阵 $\boldsymbol{C}$ 和刚度矩阵 $\boldsymbol{K}$ 都是对称的，$\boldsymbol{Z}(s)$ 也是对称矩阵，而 $\boldsymbol{H}(s) = [\boldsymbol{Z}(s)]^{-1}$，所以传递函数 $\boldsymbol{H}(s)$ 也是对称矩阵，可表示为：

$$H_{lp}(s) = H_{pl}(s)$$

上式体现了振动系统传递函数的互易性，这种特性可以作为检验传递函数测试精度的方法。

利用模态振型向量的加权正交性质，对系统的阻抗矩阵进行如下变换：

$$\boldsymbol{Z}(s) = s^2\boldsymbol{M} + \boldsymbol{K} = \boldsymbol{\varphi}^{-\mathrm{T}}[\boldsymbol{\varphi}^{\mathrm{T}}(s^2\boldsymbol{M} + \boldsymbol{K})\boldsymbol{\varphi}]\boldsymbol{\varphi}^{-1}$$
$$= \boldsymbol{\varphi}^{-\mathrm{T}}(s^2\mathrm{diag}[m_i] + \mathrm{diag}[k_i])\boldsymbol{\varphi}^{-1} \tag{2-27}$$

$$H(s) = Z(s)^{-1} = \varphi \, (s^2 \, \mathrm{diag}[m_i] + \mathrm{diag}[k_i])^{-1} \varphi^{\mathrm{T}}$$

$$= \sum_{i=1}^{n} \frac{\varphi_i \varphi_i^{\mathrm{T}}}{s^2 m_i + k_i} \tag{2-28}$$

$H(s)$ 矩阵的 l 行 p 列元素为：

$$H_{lp}(s) = \sum_{i=1}^{n} \frac{\varphi_{il} \varphi_{ip}}{s^2 m_i + k_i} \tag{2-29}$$

2.1.2　黏性比例阻尼系统

振动系统中的黏性比例阻尼矩阵是 n 阶正定或半正定且对称的，满足：

$$C = \alpha M + \beta K \tag{2-30}$$

式中：α、β 分别表示与振动系统内阻尼和振动系统外阻尼有关系的常系数。

黏性比例阻尼的 n 自由度系统振动微分方程可表示为：

$$M\ddot{x} + C\dot{x} + Kx = 0 \tag{2-31}$$

设特解：

$$x = \varphi \mathrm{e}^{\lambda t} \tag{2-32}$$

把式(2-32)代入式(2-31)，可以得到系统的特征值问题：

$$(\lambda^2 M + \lambda C + K)\varphi = 0 \tag{2-33}$$

其特征方程为：

$$|\lambda^2 M + \lambda C + K| = 0 \tag{2-34}$$

式(2-34)是关于 λ 的 $2n$ 次实系数代数方程，假设没有重根，可以通过求解得到 $2n$ 个共轭对形式的互异特征值：

$$\begin{cases} \lambda_i = -\sigma_i + j\bar{\omega}_{di} \\ \lambda_i^* = -\sigma_i - j\bar{\omega}_{di} \end{cases} \quad (i = 1, 2, \cdots, n) \tag{2-35}$$

且：

$$|\lambda_i| = |\lambda_i^*| = \sqrt{\sigma_i^2 + \bar{\omega}_{di}^2} = \bar{\omega}_{0i} \quad (i = 1, 2, \cdots, n) \tag{2-36}$$

式中：λ_i 的实部 σ_i 表示衰减系数，虚部 $\bar{\omega}_{di}$ 表示阻尼固有频率；λ_i 的模等于无阻尼振动系统的固有频率 $\bar{\omega}_{0i}$。

由此可知，λ_i 反映了振动系统的固有特性，且具有频率的量纲，通常称为复频率。

将系统的 $2n$ 个特征值 λ_i、λ_i^* 代入式(2-33)中,通过求解得到系统 $2n$ 个共轭特征向量 $\boldsymbol{\varphi}_i$、$\boldsymbol{\varphi}_i^*$。特征向量 $\boldsymbol{\varphi}_i$、$\boldsymbol{\varphi}_i^*$ 均为实数向量,且等于无阻尼振动系统的特征向量,所以特征向量 $\boldsymbol{\varphi}_i = \boldsymbol{\varphi}_i^*$,则系统独立特征向量为 n 个。把特征向量 $\boldsymbol{\varphi}_i$ 按列排列可以得到系统的 n 阶特征向量矩阵 $\boldsymbol{\varphi}$。

振动系统的特征向量 $\boldsymbol{\varphi}_i$ 不仅关于质量矩阵 $\boldsymbol{M}$ 和刚度矩阵 $\boldsymbol{K}$ 正交,而且关于黏性比例阻尼矩阵 $\boldsymbol{C}$ 正交,即:

$$\boldsymbol{\varphi}^{\mathrm{T}} \boldsymbol{C} \boldsymbol{\varphi} = \mathrm{diag}[am_i + \beta k_i] = \mathrm{diag}[c_i] \tag{2-37}$$

则 n 自由度黏性阻尼振动系统的传递函数可表示为:

$$\boldsymbol{H}(s) = \sum_{i=1}^{n} \frac{\boldsymbol{\varphi}_i \boldsymbol{\varphi}_i^{\mathrm{T}}}{s^2 m_i + s c_i + k_i} \tag{2-38}$$

$$H_{lp}(s) = \sum_{i=1}^{n} \frac{\varphi_{il} \varphi_{ip}}{s^2 m_i + s c_i + k_i} \tag{2-39}$$

2.1.3　比例阻尼振动系统

振动系统比例阻尼矩阵为 n 阶正定或半正定的对称矩阵,满足下式:

$$\boldsymbol{G} = \alpha \boldsymbol{M} + \beta \boldsymbol{K} \tag{2-40}$$

所以 n 自由度的比例阻尼系统振动微分方程可以表示为:

$$\boldsymbol{M} \ddot{x} + (\boldsymbol{K} + j\boldsymbol{G}) x = 0 \tag{2-41}$$

式中:$(\boldsymbol{K} + j\boldsymbol{G})$ 为 n 阶复刚度对称矩阵。

设特解:

$$x = \boldsymbol{\varphi} \mathrm{e}^{\lambda t} \tag{2-42}$$

把式(2-42)代入式(2-41),可以得到系统的特征值问题:

$$(\lambda^2 \boldsymbol{M} + \boldsymbol{K} + j\boldsymbol{G}) \boldsymbol{\varphi} = 0 \tag{2-43}$$

其特征方程:

$$|\lambda^2 \boldsymbol{M} + \boldsymbol{K} + j\boldsymbol{G}| = 0 \tag{2-44}$$

对该特征方程进行求解,得到 n 个不相同的复特征值 λ_i^2:

$$\lambda_i^2 + j\alpha = -(1 + j\beta) \bar{\omega}_{0i}^2 \tag{2-45}$$

$$\lambda_i^2 = -\bar{\omega}_{0i}^2 - j(\alpha + \beta\bar{\omega}_{0i}^2) = -\bar{\omega}_{0i}^2\left[1 + j\left(\frac{\alpha}{\bar{\omega}_{0i}^2} + \beta\right)\right] = -\bar{\omega}_{0i}^2(1 + j\eta_i)$$

$$(2\text{-}46)$$

式中:η_i 表示无量纲模态阻尼比;$\bar{\omega}_{0i}$ 表示无阻尼固有频率。

由此可知,特征值 λ_i^2 表明了振动系统的固有频率和模态阻尼的特性。把 λ_i 代入式(2-43)进行求解,得到 n 个实特征向量 $\boldsymbol{\varphi}_i$。再把特征向量 $\boldsymbol{\varphi}_i$ 按列排列组成振动系统的 n 阶特征向量矩阵 $\boldsymbol{\varphi}$。特征向量 $\boldsymbol{\varphi}_i$ 不仅关于质量矩阵 $\boldsymbol{M}$ 和刚度矩阵 $\boldsymbol{K}$ 正交,而且:

$$\boldsymbol{\varphi}^{\mathrm{T}}\boldsymbol{G}\boldsymbol{\varphi} = \mathrm{diag}[am_i + \beta k_i] = \mathrm{diag}[g_i] \qquad (2\text{-}47)$$

式(2-47)中:

$$g_i = am_i + \beta k_i = \left(\frac{\alpha}{\bar{\omega}_{0i}^2} + \beta\right)k_i = \eta_i k_i \qquad (2\text{-}48)$$

其中:

$$\bar{\omega}_{0i}^2 = \frac{k_i}{m_i}$$

式中:g_i 为振动系统的比例阻尼系数;$\mathrm{diag}[g_i]$ 为振动系统的比例阻尼矩阵。

比例阻尼振动系统的传递函数为:

$$\boldsymbol{H}(s) = \sum_{i=1}^{n}\frac{\boldsymbol{\varphi}_i\boldsymbol{\varphi}_i^{\mathrm{T}}}{s^2 m_i + k_i + jg_i} \qquad (2\text{-}49)$$

$$H_{lp}(s) = \sum_{i=1}^{n}\frac{\varphi_{il}\varphi_{ip}}{s^2 m_i + k_i + g_i} = \sum_{i=1}^{n}\frac{\varphi_{il}\varphi_{ip}}{s^2 m_i + (1 + j\eta_i)k_i} \qquad (2\text{-}50)$$

2.2　参数敏感性分析

参数敏感性一般用系统模态参数(频率或振型)对系统物理参数(质量、刚度或阻尼)变化的灵敏程度来描述。敏感性小,表明系统参数的局部微小变化不会对系统动力特性产生影响;敏感性大,表明系统参数的局部微小变化会对系统动力特性产生较大影响。研究表明,不同模态参数的变化敏感性是有差异的,采用简化的模态参数敏感性表达式,可以更直接并有效地表明系统模态参数变化与系统物理参数变化之间的关系。

2.2.1　频率敏感性分析

对于框架结构,频率的绝对敏感系数用各阶频率对各层层间刚度的导数来定义,相对敏感系数则用各阶频率变化率对结构各层间刚度变化率的比值来定义。结构矩阵特征值问题可以表示为:

$$(\boldsymbol{K} - \omega_i^2 \boldsymbol{M}) \boldsymbol{\varphi}_i = 0$$

式中:$\boldsymbol{K}$ 表示结构的刚度矩阵;$\boldsymbol{M}$ 表示结构的质量矩阵;i 为结构的第 i 阶固有频率;$\boldsymbol{\varphi}_i$ 表示第 i 阶质量矩阵的标准化振型。即:

$$\boldsymbol{\varphi}_i^{\mathrm{T}} \boldsymbol{M} \boldsymbol{\varphi}_i = 1 \tag{2-51}$$

把结构第 i 层的刚度 k_i 进行求导可得:

$$\left(\frac{\partial \boldsymbol{K}}{\partial k_t} - 2\omega_i \frac{\partial \omega}{\partial \omega_t} \boldsymbol{M}\right) \boldsymbol{\varphi}_i + (\boldsymbol{K} - \omega_i^2 \boldsymbol{M}) \frac{\partial \boldsymbol{\varphi}_i}{\partial k_t} = 0 \tag{2-52}$$

在式(2-52)两边前乘 $\boldsymbol{\varphi}_i^{\mathrm{T}}$,并将 $\boldsymbol{\varphi}_i^{\mathrm{T}} \boldsymbol{M} \boldsymbol{\varphi}_i = 1$、$(\boldsymbol{K} - \omega_i^2 \boldsymbol{M}) \boldsymbol{\varphi}_i = 0$ 代入得:

$$\frac{\partial \omega_i}{\partial k_t} = \frac{1}{2\omega_i} \boldsymbol{\varphi}_i^{\mathrm{T}} \frac{\partial \boldsymbol{K}}{\partial k_t} \boldsymbol{\varphi}_i \tag{2-53}$$

式中:$\frac{\partial \omega_i}{\partial k_t}$ 表示第 i 阶频率对结构第 t 层层间刚度的绝对敏感系数,用 S_{it}^F 来标识。

结构总体刚度矩阵为结构中各单元刚度矩阵的和,表示为:

$$\boldsymbol{K} = \sum_{t=1}^{L} \boldsymbol{K}_t \tag{2-54}$$

式中:L 为结构中单元总数量;$\boldsymbol{K}_t$ 为结构中第 t 个单元的刚度矩阵。

对于框架结构,$\boldsymbol{K}_t$ 可以简化成:

$$\boldsymbol{K}_t = \begin{bmatrix} \ddots & & & \\ & k_t & -k_t & \\ & -k_t & k_t & \\ & & & \ddots \end{bmatrix} \begin{matrix} \\ \leftarrow t-1\,\text{行} \\ \leftarrow t\,\text{行} \\ \\ \end{matrix} , 2 \leqslant t \leqslant L \tag{2-55}$$

式(2-55)中没有标出的矩阵元素都为 0,后同。

当 $t = 1$ 时,结构中单元刚度矩阵可以表示为:

$$K_t = \begin{bmatrix} k_1 & & & \\ & \ddots & & \\ & & \ddots & \\ & & & \end{bmatrix} \text{1 行}$$

$$\uparrow$$
$$\text{1 列}$$

$$(2\text{-}56)$$

根据框架结构刚度矩阵的特点,K_t 可以表示为:

$$K_t = \begin{bmatrix} \ddots & & & \\ & 1 & -1 & \\ & -1 & 1 & \\ & & & \ddots \end{bmatrix} \begin{matrix} \\ \leftarrow t-1 \text{ 行} \\ \leftarrow t \text{ 行} \\ \\ \end{matrix} \quad (2 \leqslant t \leqslant L) \qquad (2\text{-}57)$$

$$\uparrow \qquad \uparrow$$
$$t-1 \text{ 列} \quad t \text{ 列}$$

把式(2-57)代入式(2-53)中可得:

$$S_{it}^F = \frac{\partial \omega_i}{\partial k_t} = \frac{1}{2\omega_i} (\varphi_{i(t-1)} - \varphi_{it})^2 \qquad (2\text{-}58)$$

当 $t=1$ 时,则:

$$\frac{\partial \omega_i}{\partial k_1} = \begin{bmatrix} 1 & & & \\ & \ddots & & \\ & & \ddots & \\ & & & \end{bmatrix} \leftarrow 1 \text{ 行}$$

$$\uparrow$$
$$\text{1 列}$$

$$(2\text{-}59)$$

把式(2-59)代入式(2-53)中可得:

$$S_{it}^F = \frac{\partial \omega_i}{\partial k_1} = \frac{1}{2\omega_i} \varphi_{it}^2 \qquad (2\text{-}60)$$

由式(2-58)和式(2-60)可知,$\dfrac{\partial \omega_i}{\partial k_1}$ 始终为正值,则结构的刚度减小会导致结构系统的固有频率减小。

结构第 i 阶固有频率对结构第 t 层刚度的相对敏感系数用 $S_{it}^{\bar{F}}$ 表示,则:

$$S_{it}^{\bar{F}} = \lim_{\Delta k_t \to 0} \frac{\dfrac{\Delta \omega_i}{\omega_i}}{\dfrac{\Delta k_t}{k_t}} = \lim_{\Delta k_t \to 0} \frac{\dfrac{\partial \omega_i}{\partial k_t} \Delta k_t + o(\Delta k_t)}{\dfrac{\omega_i}{\dfrac{\Delta k_t}{k_t}}} \qquad (2\text{-}61)$$

式中：$\Delta\omega_i$ 表示结构第 i 阶固有频率改变量；Δk_t 表示结构第 t 层层间刚度改变量。

忽略高阶项，可得：

$$S_{it}^{F} \approx \frac{\partial \omega_i}{\partial k_t} \cdot \frac{k_t}{\omega_i} = \frac{k_t}{2\omega_i^2}(\varphi_{it} - \varphi_{i(t-1)})^2 \tag{2-62}$$

当 $t=1$ 时，

$$S_{it}^{F} \approx \frac{\partial \omega_i}{\partial k_t} \cdot \frac{k_1}{\omega_i} = \frac{k_1}{2\omega_i^2}\varphi_{i1}^2 \tag{2-63}$$

由式(2-62)和式(2-63)可知，结构层间刚度和振型位移差越大，结构固有频率对该结构层的损伤就会越敏感。

把结构第 i 阶频率对各结构层刚度相对敏感系数进行求和，即：

$$\sum_{t=1}^{N} S_{it}^{F} = \sum_{t=1}^{N} \left[\frac{k_t}{2\omega_i^2}(\varphi_{it} - \varphi_{i(t-1)})^2 \right] \tag{2-64}$$

由于

$$\omega_i^2 = \frac{\boldsymbol{\varphi}_i^{\mathrm{T}}\boldsymbol{K}\boldsymbol{\varphi}_i}{\boldsymbol{\varphi}_i^{\mathrm{T}}\boldsymbol{M}\boldsymbol{\varphi}_i} = \boldsymbol{\varphi}_i^{\mathrm{T}}\boldsymbol{K}\boldsymbol{\varphi}_i = \boldsymbol{\varphi}_i^{\mathrm{T}}\left(\sum_{t=1}^{L}\boldsymbol{K}_t\right)\boldsymbol{\varphi}_i \tag{2-65}$$

把式(2-65)代入式(2-64)中得：

$$\sum_{t=1}^{N} S_{it}^{F} = 0.5 \tag{2-66}$$

由式(2-66)可知，结构任意一阶固有频率对各结构层刚度相对敏感系数之和为一常数 0.5。如果结构某阶固有频率对结构某层的层间刚度变化敏感，那么该固有频率必定对其他结构层的层间刚度变化不敏感。

2.2.2 振型敏感性分析

振型的绝对敏感系数用振型的各分量对结构各层层间刚度的导数来定义；振型的相对敏感系数用振型各分量的变化率与结构层间刚度变化率的比值来定义。振型对结构某一层刚度求导后，其结果仍为一向量，该向量可以表示为结构各阶振型的叠加，即：

$$\frac{\partial \boldsymbol{\varphi}_i}{\partial k_t} = \sum_{r=1}^{N}(\boldsymbol{\beta}_r\boldsymbol{\varphi}_r) \tag{2-67}$$

式(2-67)两边均前乘 $\boldsymbol{\varphi}_r^{\mathrm{T}}$，可得：

$$\boldsymbol{\varphi}_r^{\mathrm{T}} \frac{\partial \boldsymbol{\varphi}_i}{\partial k_t} + \boldsymbol{\varphi}_r^{\mathrm{T}} (\boldsymbol{K} - \omega_i^2 \boldsymbol{M}) \frac{\partial \boldsymbol{\varphi}_i}{\partial k_t} = 0, r \neq i \tag{2-68}$$

因 $\boldsymbol{\varphi}_r^{\mathrm{T}} \boldsymbol{K} = \boldsymbol{\varphi}_r^{\mathrm{T}} \omega_r^2 \boldsymbol{M}$，将其代入式(2-68)中，可得：

$$\boldsymbol{\varphi}_r^{\mathrm{T}} \frac{\partial \boldsymbol{\varphi}_i}{\partial k_t} + (\omega_r^2 - \omega_i^2) \boldsymbol{\varphi}_r^{\mathrm{T}} \boldsymbol{M} \frac{\partial \boldsymbol{\varphi}_i}{\partial k_t} = 0, r \neq i \tag{2-69}$$

把式(2-57)和式(2-67)代入式(2-69)中，并利用振型的正交性这一特性，整理后可得到：

$$\boldsymbol{\beta}_r = \frac{(\boldsymbol{\varphi}_{rt} - \boldsymbol{\varphi}_{r(t-1)})(\boldsymbol{\varphi}_{it} - \boldsymbol{\varphi}_{i(t-1)})}{\omega_i^2 - \omega_r^2}, r \neq i \tag{2-70}$$

当 $r = i$ 时，由于振型的正交性，可得：

$$\boldsymbol{\varphi}_i^{\mathrm{T}} \boldsymbol{M} \boldsymbol{\varphi}_i = 1 \tag{2-71}$$

式(2-71)对 k_t 求导，可得：

$$\frac{\partial \boldsymbol{\varphi}_i^{\mathrm{T}}}{\partial k_t} \boldsymbol{M} \boldsymbol{\varphi}_i + \boldsymbol{\varphi}_i^{\mathrm{T}} \boldsymbol{M} \frac{\partial \boldsymbol{\varphi}_i}{\partial k_t} = 0 \tag{2-72}$$

因为 $\dfrac{\partial \boldsymbol{\varphi}_i^{\mathrm{T}}}{\partial k_t} \boldsymbol{M} \boldsymbol{\varphi}_i = \boldsymbol{\varphi}_i^{\mathrm{T}} \boldsymbol{M} \dfrac{\partial \boldsymbol{\varphi}_i}{\partial k_t}$，由式(2-72)可得：

$$2 \boldsymbol{\varphi}_i^{\mathrm{T}} \boldsymbol{M} \frac{\partial \boldsymbol{\varphi}_i}{\partial k_t} = 0 \tag{2-73}$$

把式(2-67)代入式(2-73)中，可得：

$$\boldsymbol{\beta}_r = 0 \tag{2-74}$$

所以结构振型的绝对敏感系数 S_{it}^M 为：

$$\left. \begin{aligned} S_{it}^M &= \frac{\partial \boldsymbol{\varphi}_i}{\partial k_t} = \sum_{r=1}^{N} (\boldsymbol{\beta}_r \boldsymbol{\varphi}_r) \\ \boldsymbol{\beta}_r &= \begin{cases} \dfrac{(\boldsymbol{\varphi}_{rt} - \boldsymbol{\varphi}_{r(t-1)})(\boldsymbol{\varphi}_{it} - \boldsymbol{\varphi}_{i(t-1)})}{\omega_i^2 - \omega_r^2}, & r \neq i \\ 0, & r = i \end{cases} \end{aligned} \right\} \tag{2-75}$$

式中：S_{it}^M 表示结构第 i 阶振型对结构第 t 层刚度的敏感性。

如果结构第一层发生损伤，则有：

$$S_{i1}^M = \frac{\partial \boldsymbol{\varphi}_i}{\partial k_1} = \sum_{r=1}^{N} (\boldsymbol{\beta}_r \boldsymbol{\varphi}_r)$$

$$\left. \boldsymbol{\beta}_r = \begin{cases} \dfrac{\boldsymbol{\varphi}_r \boldsymbol{\varphi}_{i1}}{\omega_i^2 - \omega_r^2}, & r \neq i \\ 0, & r = i \end{cases} \right\}$$

$$(2\text{-}76)$$

振型的相对敏感性系数 $S_{it}^{\bar{M}}$ 为:

$$S_{it}^{\bar{M}} = \frac{\partial \boldsymbol{\varphi}_i}{\partial k_t} \cdot \frac{k_i}{\boldsymbol{\varphi}_i} = \frac{k_i}{\boldsymbol{\varphi}_i} \sum_{r=1}^{N} (\boldsymbol{\beta}_r \boldsymbol{\varphi}_r) \qquad (2\text{-}77)$$

式(2-77)中的向量相除指向量间对应元素相除。

2.3　CMCM 修正方法

2.3.1　方法推导

CMCM 修正方法推导过程中,是从结构有限元分析模型中提取出结构的质量矩阵 $\boldsymbol{M}$ 和刚度矩阵 $\boldsymbol{K}$ 的。通过模态试验测试的模态信息,采用模态振型以及与之对应的频率来修改结构的质量矩阵 $\boldsymbol{M}$ 和刚度矩阵 $\boldsymbol{K}$。

为了对不同的模型进行区分,下文中没有上标标志的模型表示有限元分析模型,标识有"*"的模型则表示修正模型。如 $\boldsymbol{M}^*$ 表示修正模型的质量矩阵,而 $\boldsymbol{M}$ 表示有限元分析模型中的质量矩阵。与质量矩阵 $\boldsymbol{M}$ 和刚度矩阵 $\boldsymbol{K}$ 相关的结构第 i 阶特征值 λ_i 和特征向量 $\boldsymbol{\Phi}_i$ 为:

$$\boldsymbol{K}\boldsymbol{\Phi}_i = \lambda_i \boldsymbol{M}\boldsymbol{\Phi}_i \qquad (2\text{-}78)$$

假设修正模型的刚度矩阵为 $\boldsymbol{K}^*$,刚度矩阵 $\boldsymbol{K}^*$ 实质是对有限元分析模型的刚度矩阵 $\boldsymbol{K}$ 的一个修正,两者之间的关系可以表示为:

$$\boldsymbol{K}^* = \boldsymbol{K} + \sum_{n=1}^{N_e} (\alpha_n \boldsymbol{K}_n) \qquad (2\text{-}79)$$

式中:$\boldsymbol{K}_n$ 表示结构第 n 个单元在有限元分析模型整体坐标系中的刚度矩阵;α_n 表示待定的刚度修正系数,如果要模拟结构某一单元的刚度变化,通常采用改变该单元的弹性模量;N_e 表示结构的单元个数。

修正模型的质量矩阵 $\boldsymbol{M}^*$ 则表示对有限元分析模型中的质量矩阵 $\boldsymbol{M}$ 的一个修正，可以表示为：

$$\boldsymbol{M}^* = \boldsymbol{M} + \sum_{n=1}^{N_e} (\beta_n \boldsymbol{M}_n) \tag{2-80}$$

式中：$\boldsymbol{M}_n$ 表示结构第 n 个单元在有限元分析模型整体坐标系中的质量矩阵；β_n 表示待定的质量修正系数，通常采用改变修正单元的密度来模拟。

与修正模型质量矩阵 $\boldsymbol{M}^*$ 和刚度矩阵 $\boldsymbol{K}^*$ 相关的结构第 j 阶特征值和特征向量可表示为：

$$\boldsymbol{K}^* \boldsymbol{\Phi}_j^* = \lambda_j^* \boldsymbol{M}^* \boldsymbol{\Phi}_j^* \tag{2-81}$$

式中：λ_j^* 和 $\boldsymbol{\Phi}_j^*$ 是从模态试验中得到的测试数据。

用 $\boldsymbol{\Phi}_i^T$ 左乘式(2-81)后可以得到：

$$\boldsymbol{\Phi}_i^T \boldsymbol{K}^* \boldsymbol{\Phi}_j^* = \lambda_j^* \boldsymbol{\Phi}_i^T \boldsymbol{M}^* \boldsymbol{\Phi}_j^* \tag{2-82}$$

把式(2-79)和式(2-80)代入式(2-82)中可以得到：

$$\boldsymbol{C}_{ij}^+ + \sum_{n=1}^{N_e} (\alpha_n \boldsymbol{C}_{n,ij}^+) = \lambda_j^* \left[\boldsymbol{D}_{ij}^+ + \sum_{n=1}^{N_e} (\beta_n \boldsymbol{D}_{n,ij}^+) \right] \tag{2-83}$$

式(2-83)中：

$$\boldsymbol{C}_{ij}^+ = \boldsymbol{\Phi}_i^T \boldsymbol{K} \boldsymbol{\Phi}_j^* \tag{2-84}$$

$$\boldsymbol{C}_{n,ij}^+ = \boldsymbol{\Phi}_i^T \boldsymbol{K}_n \boldsymbol{\Phi}_j^* \tag{2-85}$$

$$\boldsymbol{D}_{ij}^+ = \boldsymbol{\Phi}_i^T \boldsymbol{M} \boldsymbol{\Phi}_j^* \tag{2-86}$$

$$\boldsymbol{D}_{n,ij}^+ = \boldsymbol{\Phi}_i^T \boldsymbol{M}_n \boldsymbol{\Phi}_j^* \tag{2-87}$$

标识"＋"表示有限元分析模型和模态试验测试模型的交叉项。如果用 m 代替 ij，则式(2-83)改写为：

$$\boldsymbol{C}_m^+ + \sum_{n=1}^{N_e} (\alpha_n \boldsymbol{C}_{n,m}^+) = \lambda_j^* \left[\boldsymbol{D}_m^+ + \sum_{n=1}^{N_e} (\beta_n \boldsymbol{D}_{n,m}^+) \right] \tag{2-88}$$

式(2-88)也可转换为：

$$\sum_{n=1}^{N_e} (\alpha_n \boldsymbol{C}_{n,m}^+) - \lambda_j^* \sum_{n=1}^{N_e} (\beta_n \boldsymbol{D}_{n,m}^+) = -\boldsymbol{C}_m^+ + \lambda_j^* \boldsymbol{D}_m^+ \tag{2-89}$$

或：

$$\sum_{n=1}^{N_e} (\alpha_n \mathbf{C}_{n,m}^+) + \sum_{n=1}^{N_e} (\beta_n \mathbf{E}_{n,m}^+) = \mathbf{f}_m^+ \tag{2-90}$$

式(2-90)中,$\mathbf{E}_{n,m}^+ = -\lambda_j^* \mathbf{D}_{n,m}^+$,$\mathbf{f}_m^+ = -\mathbf{C}_m^+ + \lambda_j^* \mathbf{D}_m^+$。如果选取有限元分析模型第 N_i 阶模态,同时选取模态试验测试模型第 N_j 阶模态时,则可以总共组成 $N_m = N_i \times N_j$ 个方程的线性方程组。

由式(2-90)得到的方程组定义为交叉模型交叉模态方程,因为方程组含有两个模型不同模态的交叉乘积。将式(2-90)写成矩阵形式:

$$\mathbf{C}^+ \boldsymbol{\alpha} + \mathbf{E}^+ \boldsymbol{\beta} = \mathbf{f}^+ \tag{2-91}$$

式中:$\mathbf{C}^+$ 和 $\mathbf{E}^+$ 为 $N_m \times N_e$ 阶矩阵;$\boldsymbol{\alpha}$ 和 $\boldsymbol{\beta}$ 分别为 $N_e \times 1$ 阶列向量;$\mathbf{f}^+$ 为 $N_m \times 1$ 阶列向量。

式(2-91)可以改写为:

$$\mathbf{G}^+ \boldsymbol{\gamma} = \mathbf{f}^+ \tag{2-92}$$

式(2-92)中:

$$\mathbf{G}^+ = [\mathbf{C}^+ \ \mathbf{E}^+] \tag{2-93}$$

$$\boldsymbol{\gamma} = \begin{Bmatrix} \boldsymbol{\alpha} \\ \boldsymbol{\beta} \end{Bmatrix} \tag{2-94}$$

CMCM 修正方法流程如图 2-1 所示。

2.3.2 方程求解

如果 $\mathbf{G}^+$ 是非奇异方阵,则式(2-92)中的 $\boldsymbol{\gamma}$ 可以采用求逆方式进行求解,得到:

$$\boldsymbol{\gamma} = \mathbf{G}^{+^{-1}} \mathbf{f}^+ \tag{2-95}$$

如果 $\mathbf{G}^+$ 不是方阵,表明方程的个数不等于未知数的个数,要采用广义逆的方法进行求解。如果 $\mathbf{G}^+$ 矩阵中行数大于列数,则方程个数大于未知数个数,需要采用最小二乘法进行求解:

$$\hat{\boldsymbol{\gamma}} = (\mathbf{G}^{+T} \mathbf{G}^+)^{-1} \mathbf{G}^{+T} \mathbf{f}^+ \tag{2-96}$$

如果 $(\mathbf{G}^{+T} \mathbf{G}^+)$ 的秩不等于 $2N_e$,伪逆 $(\mathbf{G}^{+T} \mathbf{G}^+)^{-1}$ 是不存在的。

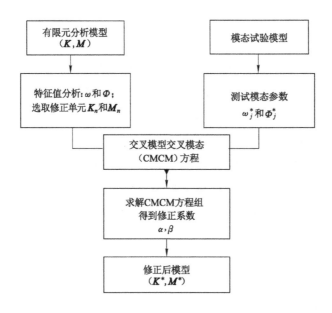

图 2-1　CMCM 修正方法流程图

2.3.3　修正范围

2.3.3.1　完全修正

完全修正是指式(2-79)和式(2-80)中刚度矩阵 $\boldsymbol{K}^*$ 和质量矩阵 $\boldsymbol{M}^*$ 的系数可以根据修正系数 α 和 β 的变化而变化。如果修正模型的刚度矩阵 $\boldsymbol{K}^*$ 和质量矩阵 $\boldsymbol{M}^*$ 被 $\alpha\boldsymbol{K}^*$ 和 $\alpha\boldsymbol{M}^*$ (α 是不为 1 的常数)所代替,就可以得到不相同的修正系数。如果记 $(\boldsymbol{K}^*,\boldsymbol{M}^*)$ 是一个振动系统,$(\alpha\boldsymbol{K}^*,\alpha\boldsymbol{M}^*)$ 为另一个振动系统,则两个系统在物理空间域里是不相同的。但这两个振动系统在模态空间里是相同的,因为它们拥有相同的特征值 λ_j^* 和特征向量 $\boldsymbol{\Phi}_j^*$,即:

$$\begin{cases} \boldsymbol{K}^*\boldsymbol{\Phi}_j^* = \lambda_j^*\boldsymbol{M}^*\boldsymbol{\Phi}_j^* \\ \alpha\boldsymbol{K}^*\boldsymbol{\Phi}_j^* = \lambda_j^*\alpha\boldsymbol{M}^*\boldsymbol{\Phi}_j^* \end{cases} \tag{2-97}$$

CMCM 方程的推导与 λ_j^* 和 $\boldsymbol{\Phi}_j^*$ 有关,因此求解出的修正系数也可以用于上述两个振动系统。完全修正情况下的修正系数可能有多个解,也就是根据模态域参数进行物理空间域参数的特征值逆问题求解结果并不唯一。要得到修正系数的唯一解,至少应再附加一个约束方程。例如,可以预先设定一个刚度项或者质量项,或者预先设定系统的全部质量,这就出现了下面的部分修正方法。

2.3.3.2　部分修正

式(2-79)和式(2-80)中质量矩阵 $\boldsymbol{M}^*$ 和刚度矩阵 $\boldsymbol{K}^*$ 有一个或者多个非零系数不允许变化,这种情况称为部分修正。部分修正表示结构部分单元的质量或刚度是已知的。如果振动系统的部分物理参数是已知的,不需要修正,那么这种情况实质上就是约束条件,因此部分修正不存在由模态域参数求解物理空间域参数特征值逆问题的多解性问题。

根据式(2-91),部分修正情况有两个特例,如下所示:

① 假定 $\boldsymbol{M}^* = \boldsymbol{M}$,即振动系统的质量矩阵不变,式(2-91)可简化为:

$$C\boldsymbol{\alpha} = f \tag{2-98}$$

② 假定 $\boldsymbol{K}^* = \boldsymbol{K}$,即振动系统的刚度矩阵不变,式(2-91)可简化为:

$$E\boldsymbol{\beta} = f \tag{2-99}$$

振动系统的质量矩阵或者刚度矩阵不变均表示模型修正附加了一个约束,上面两种特例情况都属于部分修正。所以在对式(2-98)和式(2-99)进行求解时,均可以得到最小二乘法的唯一解。

2.4　基于 CMCM 修正方法的损伤识别理论

2.4.1　三维空间单元

空间框架结构在外荷载作用下,构件单元受轴力、弯矩和扭矩等共同作用,因此构件单元节点变形有轴向位移、扭转和转角,可以表示为:

$$\{d^e\} = \{u_1 \quad v_1 \quad w_1 \quad (\theta_x)_1 \quad (\theta_y)_1 \quad (\theta_z)_1 \quad u_2 \quad v_2 \quad w_2 \quad (\theta_x)_2 \quad (\theta_y)_2 \quad (\theta_z)_2\}^T$$

单元刚度矩阵为:

$$\boldsymbol{K}^e = \begin{bmatrix} \boldsymbol{K}^e_{11} & \boldsymbol{K}^e_{12} \\ \boldsymbol{K}^e_{21} & \boldsymbol{K}^e_{22} \end{bmatrix} \tag{2-100}$$

式(2-100)中:

$$\mathbf{K}_{11}^{e} = \begin{bmatrix} a_1 & 0 & 0 & 0 & 0 & 0 \\ 0 & b_1 & 0 & 0 & 0 & b_2 \\ 0 & 0 & c_1 & 0 & -c_2 & 0 \\ 0 & 0 & 0 & a_2 & 0 & 0 \\ 0 & 0 & -c_2 & 0 & 2c_3 & 0 \\ 0 & b_2 & 0 & 0 & 0 & 2b_3 \end{bmatrix}$$

$$\mathbf{K}_{12}^{e} = \mathbf{K}_{21}^{eT} = \begin{bmatrix} -a_1 & 0 & 0 & 0 & 0 & 0 \\ 0 & -b_1 & 0 & 0 & 0 & b_2 \\ 0 & 0 & -c_1 & 0 & -c_2 & 0 \\ 0 & 0 & 0 & -a_2 & 0 & 0 \\ 0 & 0 & c_2 & 0 & c_3 & 0 \\ 0 & -b_2 & 0 & 0 & 0 & b_3 \end{bmatrix}$$

$$\mathbf{K}_{22}^{e} = \begin{bmatrix} a_1 & 0 & 0 & 0 & 0 & 0 \\ 0 & b_1 & 0 & 0 & 0 & -b_2 \\ 0 & 0 & c_1 & 0 & c_2 & 0 \\ 0 & 0 & 0 & a_2 & 0 & 0 \\ 0 & 0 & c_2 & 0 & 2c_3 & 0 \\ 0 & -b_2 & 0 & 0 & 0 & 2b_3 \end{bmatrix}$$

$$a_1 = \frac{EA}{L}; a_2 = \frac{GJ}{L}$$

$$b_1 = \frac{12EI_z}{L^3}; b_2 = \frac{6EI_z}{L^2}; b_3 = \frac{2EI_z}{L}$$

$$c_1 = \frac{12EI_y}{L^3}; c_2 = \frac{6EI_y}{L^2}; c_3 = \frac{2EI_y}{L}$$

式中：I_y 表示关于 y 轴的截面惯性矩；I_z 表示关于 z 轴的截面惯性矩；J 表示截面极限惯性矩；E 表示弹性模量；A 表示截面面积；G 表示剪切模量；L 表示长度。

单元的质量矩阵是对角矩阵，如下式所示：

$$
\boldsymbol{M}^{\mathrm{e}} = \frac{\bar{m}L}{2}
\begin{bmatrix}
1 & & & & & & & & & & & \\
 & 1 & & & & & & & & & & \\
 & & 1 & & & & & & & & & \\
 & & & \dfrac{I_0}{A} & & & & & & & & \\
 & & & & 0 & & & & & & & \\
 & & & & & 0 & & & & & & \\
 & & & & & & 1 & & & & & \\
 & & & & & & & 1 & & & & \\
 & & & & & & & & 1 & & & \\
 & & & & & & & & & \dfrac{I_0}{A} & & \\
 & & & & & & & & & & 0 & \\
 & & & & & & & & & & & 0
\end{bmatrix}
\tag{2-101}
$$

式中：I_0 为单元的极限惯性矩；$\bar{m} = \rho A$，ρ 表示密度。

按照单元节点自由度，把轴力杆单元、扭转杆单元和弯曲杆单元的一致质量矩阵组合形成空间框架单元的一致质量矩阵，如式（2-102）所示。

$$
\boldsymbol{M} = \frac{mL}{420}
\begin{bmatrix}
140 & & & & & & & & & & & \\
0 & 156 & & & & & & & & & & \\
0 & 0 & 156 & & & & & & & & & \\
0 & 0 & 0 & \dfrac{140I_0}{A} & & & & & & & & \\
0 & 0 & -22L & 0 & 4L^2 & & & & & & & \\
0 & 22L & 0 & 0 & 0 & 4L^2 & & & & & & \\
70 & 0 & 0 & 0 & 0 & 0 & 140 & & & & & \\
0 & 54 & 0 & 0 & 0 & 13L & 0 & 156 & & & & \\
0 & 0 & 54 & 0 & -13L & 0 & 0 & 0 & 156 & & & \\
0 & 0 & 0 & \dfrac{70I_0}{A} & 0 & 0 & 0 & 0 & 0 & \dfrac{140I_0}{A} & & \\
0 & 0 & 13L & 0 & -3L^2 & 0 & 0 & 0 & 22L & 0 & 4L^2 & \\
0 & -13L & 0 & 0 & 0 & -3L^2 & 0 & -22L & 0 & 0 & 0 & 4L^2
\end{bmatrix}
\tag{2-102}
$$

上述单元质量矩阵和单元刚度矩阵均是在局部坐标系下表示的,实际上空间框架结构各构件单元方向并不相同,所以在组装振动系统的整体空间矩阵时,应该把这些矩阵置于同一坐标系下表示。空间坐标转换过程中,x、y、z轴表示局部坐标下对应的轴,X、Y、Z轴代表空间坐标下对应的轴。空间梁单元局部坐标系和空间坐标系的转换关系为:

$$\begin{Bmatrix} x \\ y \\ z \end{Bmatrix} = t \begin{Bmatrix} X \\ Y \\ Z \end{Bmatrix} \tag{2-103}$$

其中:$t = \begin{bmatrix} \cos xX & \cos xY & \cos xZ \\ \cos yX & \cos yY & \cos yZ \\ \cos zX & \cos zY & \cos zZ \end{bmatrix}$,$t$为空间坐标转换矩阵。

把平面梁单元的坐标转换矩阵扩展至空间坐标后,需要增加x轴转角、z轴线位移和y轴转角,经过这样处理后可得到空间梁单元的坐标转换矩阵T。坐标转换矩阵T是12阶方阵,此方阵用下式表示:

$$T = \begin{bmatrix} t & & & \\ & t & & \\ & & t & \\ & & & t \end{bmatrix} \tag{2-104}$$

2.4.2 基于 CMCM 修正方法的损伤识别

模型修正与损伤识别在技术上是相通的,模型修正用于对结构进行损伤识别的步骤为:首先建立结构健康状态下的有限元分析模型,再进行模态试验,把测试得到的模态参数对有限元分析模型进行修正,得到基准有限元分析模型。如果结构发生损伤,再对损伤结构进行模态试验,并把测试得到的模态参数对基准有限元分析模型进行修正。最后对比有限元分析模型损伤前后模态参数的变化,实现对结构的损伤识别。基于模型修正的损伤识别方法流程图如图 2-2 所示。

CMCM 作为模型修正中的新技术,也可以用于损伤识别。健康状态下的

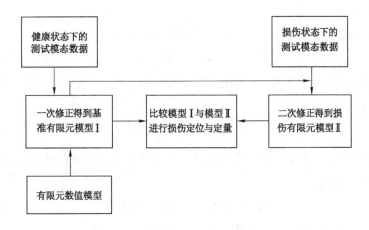

图 2-2　基于模型修正的损伤识别方法流程图

有限元分析模型可以作为基准模型,则损伤状态下的可以作为修正模型。采用 CMCM 修正方法对结构进行损伤识别时,假设质量矩阵保持不变,仅对刚度矩阵进行修正。因此,得到的刚度损伤值实际上就是刚度修正系数。基于 CMCM 修正方法的损伤识别只需要用低阶模态参数,不需要把未损伤模型模态与损伤模型模态进行配对。

利用 CMCM 修正方法进行损伤识别时,与健康状态下模型的质量矩阵 $\boldsymbol{M}$ 和刚度矩阵 $\boldsymbol{K}$ 相关的第 i 阶特征值 λ_i 和特征向量 $\boldsymbol{\Phi}_i$ 为:

$$\boldsymbol{K}\boldsymbol{\Phi}_i = \lambda_i \boldsymbol{M}\boldsymbol{\Phi}_i \tag{2-105}$$

损伤状态下结构的刚度矩阵 $\boldsymbol{K}^*$ 是对健康状态下模型刚度矩阵 $\boldsymbol{K}$ 的一个修正,可以表示为:

$$\boldsymbol{K}^* = \boldsymbol{K} + \sum_{n=1}^{N_e} (\alpha_n \boldsymbol{K}_n) \tag{2-106}$$

式中: $\boldsymbol{K}_n$ 表示健康状态下模型第 n 个单元在空间整体坐标系下的刚度矩阵; α_n 表示待定的刚度修正系数,可以采用修改模型中某一单元的材料弹性模量来模拟该单元的刚度变化。

对结构进行损伤识别时,得到的刚度修正系数 α_n 实质就是刚度损伤大小。如果求解得到的 $\alpha_n = -0.2$,表明结构第 n 个单元的刚度损伤大小为 20%,也反映了该单元的弹性模量发生了 20% 的损伤。

对结构进行损伤识别时,假设模型的质量矩阵不变,即:

$$M^* = M \tag{2-107}$$

与修正模型质量矩阵 M^* 和刚度矩阵 K^* 相关的第 j 阶特征值 λ_j^* 和特征向量 Φ_j^* 可表示为:

$$K^* \Phi_j^* = \lambda_j^* M^* \Phi_j^* \tag{2-108}$$

假设部分 λ_j^* 和 Φ_j^* 能够通过对损伤结构的模态试验而测试得到,用 Φ_i^T 左乘式(2-108)得到:

$$\Phi_i^T K^* \Phi_j^* = \lambda_j^* \Phi_i^T M^* \Phi_j^* \tag{2-109}$$

把式(2-106)和式(2-107)代入式(2-109)中可以得到:

$$C_{ij}^+ + \sum_{n=1}^{N_e} (\alpha_n C_{n,ij}^+) = \lambda_j^* D_{ij}^+ \tag{2-110}$$

其中:

$$C_{ij}^+ = \Phi_i^T K \Phi_j^* \tag{2-111}$$

$$C_{n,ij}^+ = \Phi_i^T K_n \Phi_j^* \tag{2-112}$$

$$D_{ij}^+ = \Phi_i^T M \Phi_j^* \tag{2-113}$$

用 m 来代替 ij,式(2-110)转换为:

$$C_m^+ + \sum_{n=1}^{N_e} (\alpha_n C_{n,m}^+) = \lambda_j^* D_m^+ \tag{2-114}$$

式(2-114)可改写为:

$$\sum_{n=1}^{N_e} (\alpha_n C_{n,m}^+) = - C_m^+ + \lambda_j^* D_m^+ \tag{2-115}$$

或

$$\sum_{n=1}^{N_e} (\alpha_n C_{n,m}^+) = f_m^+ \tag{2-116}$$

式(2-116)中 $f_m^+ = -C_m^+ + \lambda_j^* D_m^+$。如果选取健康状态下模型 N_i 阶模态和损伤状态下模型 N_j 阶模态,式(2-116)可以组成 $N_m = N_i \times N_j$ 个方程的线性方程组。式(2-116)可以用矩阵形式表示,即:

$$C^+ \alpha = f^+ \tag{2-117}$$

式中：C^+ 表示 $N_m \times N_e$ 阶矩阵；α 表示 $N_e \times 1$ 阶列向量；f^+ 表示 $N_m \times 1$ 阶列向量。

如果 N_m 大于 N_e，表示方程个数大于未知数个数，可以采用最小二乘法对式（2-117）进行求解，得到：

$$\hat{\alpha} = (C^{+\mathrm{T}} C^+)^{-1} C^{+\mathrm{T}} f^+ \tag{2-118}$$

2.5　本章小结

本章对模态分析的基本理论进行了介绍，针对模态参数敏感性分析方法，推导了框架结构固有频率和振型对层刚度的敏感系数表达式。在此基础上，针对 CMCM 修正方法，推导了 CMCM 修正方法用于对空间框架结构进行损伤识别的求解过程和应用流程。该方法只需要应用低阶测试模态参数，就可以准确地对结构的有限元分析模型进行修正，使修正后的有限元分析模型与模态试验测试的模态参数相同，而且修正后的有限元分析模型保留原有的物理意义。

第3章 钢管混凝土框架结构损伤识别

在模态参数敏感性分析的基础上,结合钢管混凝土带楼板空间框架结构的振动特性,探讨基于 CMCM 修正的损伤识别方法对震后钢管混凝土框架结构进行损伤识别的可行性和有效性。设计制作多层多跨钢管混凝土带楼板的空间框架模型进行脉冲激励模态试验,经测试得到结构模型的模态参数,从数值模拟和模态试验两方面对所用损伤识别方法进行验证。

3.1 钢管混凝土框架结构的模态测试

3.1.1 测试目的

以多层多跨钢管混凝土柱-钢梁框架带楼板的空间结构模型为研究对象,分别进行健康状态下和模拟损伤状态下的脉冲激励模态试验,得到结构模型在各种工况下表征振动特性的模态参数,验证所提出损伤识别方法的可行性和有效性。

3.1.2 测试仪器

模态试验采用北京东方振动和噪声技术研究所研发的 INV3018C 型高精度数据采集仪和与之相配套的 DASP-V10 软件。DASP-V10 是一个 32 位视窗风格的多通道动态测试信号采集处理分析软件包。软件包中"DASP 采集分析"模块为多通道信号示波器和大容量数据采集分析仪;"模态与动力学"模块用于建立结构模型、进行模态分析和输出模态参数结果。模态测试在长江大学土木工程实验教学中心进行,表 3-1 为试验所用的主要仪器,图 3-1 为所用试验仪器示意图。

表 3-1　模态试验主要仪器

设备名称	设备型号	用途
智能信号采集处理分析仪	INV3018C	处理信号的传递函数
调理棒	INV1841B	调节激励信号
力传感器	YFF-1-18/YD500111229	采集激励信号
加速度传感器	YJ9A/INV9822A	拾取响应信号
PC 机	LenovoX240	DASP 运行平台

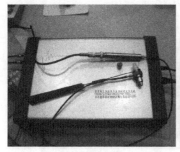

(a) 信号采集仪/调理棒/力传感器　　　　(b) 分析仪

图 3-1　试验仪器示意图

3.1.3　模型制作

　　试验时采用的模型是两跨两开间四层空间钢管混凝土框架结构,原型框架按《建筑抗震设计标准》(GB/T 50011—2010)进行设计,试验模型缩尺比例为 1∶4,根据相似性原理进行计算和施工。试验模型通过高强螺栓与钢筋混凝土基座固接,基座长度为 800 mm、宽度为 800 mm、高度为 550 mm,基座混凝土强度等级为 C40。三个钢筋混凝土基座均与地面刚接,所以试验模型嵌固于地面。模型结构的四层楼面均采用压型钢板组合楼板结构,厚度为 60 mm。试验模型中钢管和工字型钢梁均采用 Q235 钢材。框架柱截面尺寸为 150 mm×150 mm,方钢管壁厚度为6mm,钢管内核心混凝土强度等级是C40,框架梁为18号冷轧工字型钢。

梁柱节点处采用《钢结构设计标准》(GB 50017—2017)推荐的加强环式点连接方式,通过连接板与高强螺栓连接,同时钢梁腹板和翼缘板与加强环焊接连接。在试验模型的制作和安装过程中提取钢材和混凝土样品,对C40混凝土和Q235钢材进行了材质试验,结果如表3-2所示。根据上述试验模型的要求需要,钢管混凝土框架模型结构、基座大样、压型钢板组合楼板结构设计分别如图3-2~图3-4所示,试验最终模型如图3-5所示。

表 3-2 钢材和混凝土材料力学性能实测值

材料		屈服强度 f_y/(N/mm²)	极限强度 f_u/(N/mm²)
钢材(Q235)	方钢管	294.64	363.47
	钢梁	293.76	362.56
	加强环	357.40	437.20
混凝土(C40)		立方体抗压强度 f_{cu}/(N/mm²)	轴心抗压强度 f_c/(N/mm²)
		38.80	24.61

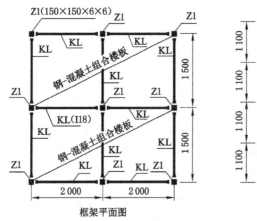

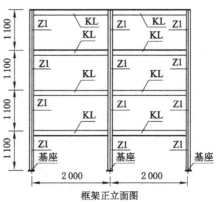

图 3-2 钢管混凝土框架模型结构尺寸

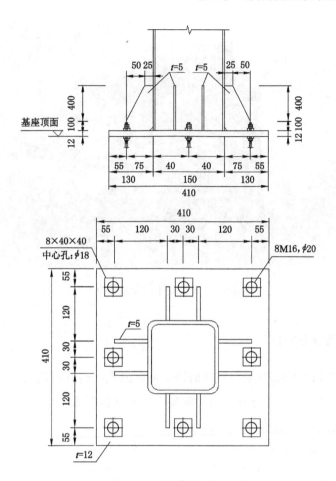

图 3-3　基座大样

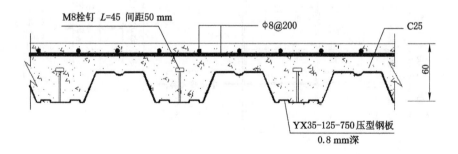

图 3-4　压型钢板组合楼板结构详图

图 3-5　钢管混凝土框架结构模型

3.1.4　信号获取方法

　　根据力锤设计原理,采用塑胶的锤头可以激发出钢管混凝土框架结构的低阶模态。具体方法就是分别在钢管混凝土框架试验模型的 Y 方向和 X 方向敲击梁柱相交处节点,采集信号。模态试验图如图 3-6 所示。

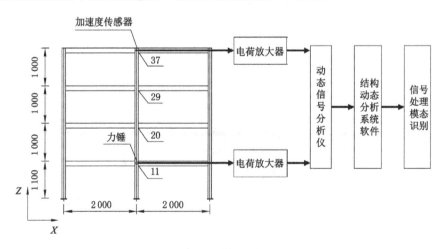

图 3-6　模态试验图

　　按照激励点的不同,模态试验中对结构进行的激励通常分为单点、多点和单点分区等三种形式。其中,单点激励是最简单且最常用的一种激励方式,因此应用最广泛。如果一次只激励结构上某一点的某一个方向,而不激励其他任何一点的任何方向,这种激励方式就是单点激励。单点激励是单输入单输出(SISO)模态参数识别要求的激励形式。如果激励点恰好是模态的节点,会导致该阶模态丢失。模态试验中,单点激励采取在多个激励点依次进行激励,目的是避免激励点是模态节点。

　　只要确定了频响函数矩阵中某一个元素,就可以确定结构模态空间下的各阶频率、质量、刚度和阻尼。如果要确定结构的模态振型,就必须确定频响函数矩阵中任一行或任一列元素。根据频响函数的定义,如果要确定频响函数矩阵的某一列元素,需要在结构某一固定点 f 进行激励,采集各测点 e 的响应:

$$H_{ef}(\omega) = \frac{X_e(\omega)}{F_f(\omega)} \quad (f \text{ 固定}, e = 1, 2, \cdots, n) \tag{3-1}$$

　　相反,依次激励结构各测点 f,采集某一固定测点 e 的响应,就可以得到频响函数矩阵的某一行元素:

$$H_{ef}(\omega) = \frac{X_e(\omega)}{F_f(\omega)} \quad (e \text{ 固定}, f = 1, 2, \cdots, n) \tag{3-2}$$

　　如果模态试验的对象是小型和中型结构,采用单点激励方式就可以得到比较精确的测试模态参数。但如果模态试验对象是大型复杂结构,采用单点激励方式可能导致部分模态的丢失,因为激励能量不够大而激起结构的所有模态并得到有效的频响函数。本书的试验模型属于小型结构,采用单点输入和单点输出的方式对结构进行激励和信号采集就可以获得比较精确的结构模态参数。

　　根据实际的钢管混凝土框架结构试验模型,在 DASP-V10 的"模态与动力学"模块中建立相应的模态模型。将建立的模态模型中各个点的编号与实际的钢管混凝土框架结构试验模型相对应,便于后面试验数据采集的对应。模态试验测试过程中,钢管混凝土框架结构按 DASP-V10 的"模态与动力学"模块中模态模型进行相应的编号,结果如图 3-7 所示。

　　模态试验测试模态参数时,把加速度传感器放置在 40 点处,用力锤从上到下依次敲击 40 点、31 点、22 点和 13 点处,每个点敲击 3 次,通过加速度传感器

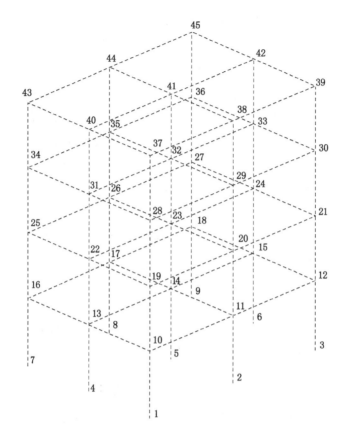

图 3-7 模态试验框架结构模型

采集信号,作为 X 轴方向的数据输入和采集;再把加速度传感器放置在 38 点处,用力锤从上到下依次敲击 38 点、29 点、20 点和 11 点处,每个点敲击 3 次,通过加速度传感器采集信号,作为 Y 轴方向的数据输入和采集。

3.1.5 损伤工况模拟

根据地震后钢筋混凝土框架结构钢框架结构可能出现的损伤情况,对钢管混凝土框架结构试验模型进行可能的损伤模拟。

3.1.5.1 梁端损伤模拟工况(图 3-8)

地震作用下钢框架梁的损伤一般发生在节点域的梁端,通过调整钢梁与加强

图 3-8 梁端损伤模拟工况

环的连接强弱可以方便地实现对钢管混凝土框架结构的梁端损伤模拟。梁端损
伤工况见表 3-3。

表 3-3 梁端损伤工况

工况	损伤描述	工况	损伤描述
工况 1	无螺栓松动	工况 6	JD_{11}、JD_{29} 松动 16 颗螺栓
工况 2	JD_{11} 松动 8 颗螺栓	工况 7	JD_{11}、JD_{38} 松动 16 颗螺栓
工况 3	JD_{11} 松动 16 颗螺栓	工况 8	JD_{20}、JD_{38} 松动 16 颗螺栓
工况 4	JD_{11} 松动 24 颗螺栓	工况 9	JD_{29}、JD_{38} 松动 16 颗螺栓
工况 5	JD_{11}、JD_{20} 松动 16 颗螺栓	工况 10	JD_{20}、JD_{29} 松动 16 颗螺栓

3.1.5.2　柱端损伤模拟工况

地震作用下框架柱的损伤一般发生在节点域的柱端位置,通过对柱端进行切割形成切口削弱截面可以方便地实现对钢管混凝土框架结构的柱端损伤模拟。在本书试验中,切口位置在靠近第一层楼板附近,对钢管混凝土柱 6 mm 厚钢管进行不同程度的切割,并对该固定点处不同程度损伤工况进行模态参数的测试。

根据《矩形钢管混凝土结构技术规程》(CECS 159—2004)中的抗弯刚度 $EI = E_s \cdot I_s + 0.8E_c \cdot I_c$,可以得到柱的抗弯刚度。通过钢管混凝土柱抗弯刚度损伤前后的变化,可以得到抗弯刚度减少程度计算公式为 $(EI - EI_{n+1})/EI$。钢管混凝土柱切口损伤情况如表 3-4 所示。

表 3-4　钢管混凝土柱切口损伤情况表

工况	柱抗弯刚度/(10^{12} N·mm^2)	柱抗弯刚度损伤程度/%	切口情况
工况 1	3.298 37	0	健康状态
工况 2	3.115 61	5.54	单面损伤 1 mm
工况 3	2.948 70	10.60	两面损伤 1 mm
工况 4	2.835 24	14.04	环向损伤 1 mm
工况 5	2.658 17	14.68	单面损伤 2 mm,另三面损伤 1 mm
工况 6	2.499 43	24.22	两面损伤 2 mm,两面损伤 1 mm
工况 7	2.390 51	27.52	环向损伤 2 mm
工况 8	2.218 28	28.80	单面损伤 3 mm,另三面损伤 2 mm
工况 9	2.068 19	37.29	两面损伤 3 mm,两面损伤 2 mm
工况 10	1.963 68	40.46	环向损伤 3 mm

根据钢管混凝土柱的刚度计算方法,钢管混凝土柱端各种模拟损伤工况的切口示意图如图 3-9 所示;切口位置立面示意图如图 3-10 所示;试验模型相关切口图片如图 3-11 所示。

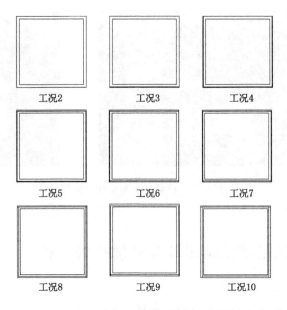

图 3-9　钢管混凝土柱端切口示意图

图 3-10　切口位置立面示意图

图 3-11　试验模型相关切口图片

3.2　模态试验测试结果及参数敏感性分析

3.2.1　梁端损伤模态测试及参数敏感性分析

根据模态试验所采集的振动信号,将所得的频响函数定阶后进行曲线拟合,计算得出钢管混凝土框架结构振动的固有频率。高阶频率对振动系统的响应影响不大,而且高阶模态的耦合情况比较严重,易受环境因素(噪声)的影响,高阶频率在模态试验中也不容易得到,所以本书探讨仅采用钢管混凝土框架结构在不同梁端损伤工况下的前5阶频率进行分析,如表3-5所示。

表 3-5　梁端损伤工况频率　　　　　　　　单位:Hz

工况	1 阶	2 阶	3 阶	4 阶	5 阶
工况 1	7.32	7.50	9.49	22.69	23.11
工况 2	7.19	7.34	9.19	22.59	23.01
工况 3	7.16	7.09	9.03	22.50	22.94
工况 4	7.07	6.51	8.40	21.98	22.16
工况 5	6.80	5.76	7.62	21.46	21.44
工况 6	6.80	5.86	7.83	21.26	21.54

表 3-5(续)

工况	1 阶	2 阶	3 阶	4 阶	5 阶
工况 7	6.76	5.68	7.73	21.35	21.68
工况 8	6.78	5.70	7.75	21.28	21.39
工况 9	6.70	5.72	7.66	21.21	20.76
工况 10	6.73	5.70	7.55	21.31	21.15

通过模态参数测试可得到结构各阶频率和相应的刚度系数。为了便于比较不同损伤工况下的测试结果,把损伤工况分成两组进行分析。第一组为工况 1～工况 4 下测试得到的模态参数;第二组为工况 5～工况 10 下测试得到的模态参数。

第一组,对框架结构 X 轴方向振动和 Y 轴方向振动分别进行模态试验。综合工况 1～工况 4 这四种工况模态试验测试得到的模态参数和敏感性分析理论,得到结构的绝对频率敏感系数和相对频率敏感系数,见表 3-6～表 3-9。通过振型敏感系数对钢管混凝土框架结构梁端损伤的各种工况进行分析。

表 3-6　X 轴方向绝对频率敏感系数

模态阶数	测试内容	工况 1	工况 2	工况 3	工况 4
1	频率/Hz	7.32	7.19	7.16	7.07
	频率敏感系数		$5.635\,56\times10^{-5}$	$5.658\,81\times10^{-5}$	$5.661\,39\times10^{-5}$
2	频率/Hz	7.50	7.34	7.09	6.51
	频率敏感系数		$7.239\,32\times10^{-5}$	$7.279\,99\times10^{-5}$	$7.262\,17\times10^{-5}$
3	频率/Hz	9.49	9.19	9.03	8.40
	频率敏感系数		$1.016\,18\times10^{-4}$	$1.0194\,7\times10^{-4}$	$1.025\,78\times10^{-4}$
4	频率/Hz	22.69	22.59	22.50	21.98
	频率敏感系数		$1.687\,01\times10^{-4}$	$1.699\,55\times10^{-4}$	$1.714\,46\times10^{-4}$
5	频率/Hz	23.11	23.01	22.94	22.16
	频率敏感系数		$5.064\,76\times10^{-4}$	$5.180\,94\times10^{-4}$	$5.320\,76\times10^{-4}$

表 3-7　**Y 轴方向绝对频率敏感系数**

模态阶数	测试内容	工况 1	工况 2	工况 3	工况 4
1	频率/Hz	7.32	7.19	7.16	7.07
	频率敏感系数		$5.630\,09\times10^{-5}$	5.652×10^{-5}	$5.644\,92\times10^{-5}$
2	频率/Hz	7.50	7.34	7.09	6.51
	频率敏感系数		$7.237\,26\times10^{-5}$	$7.263\,61\times10^{-5}$	$7.247\,15\times10^{-5}$
3	频率/Hz	9.49	9.19	9.03	8.40
	频率敏感系数		$1.016\,2\times10^{-4}$	$1.018\,27\times10^{-4}$	$1.016\,63\times10^{-4}$
4	频率/Hz	22.69	22.59	22.50	21.98
	频率敏感系数		$1.688\,43\times10^{-4}$	$1.704\,1\times10^{-4}$	$1.721\,81\times10^{-4}$
5	频率/Hz	23.11	23.01	22.94	22.16
	频率敏感系数		$5.066\,42\times10^{-4}$	$5.081\,45\times10^{-4}$	$5.180\,37\times10^{-4}$

表 3-8　**X 轴方向相对频率敏感系数**

模态阶数	测试内容	工况 1	工况 2	工况 3	工况 4
1	频率/Hz	7.32	7.19	7.16	7.07
	频率敏感系数		$2.823\,17\times10^{-5}$	$2.823\,96\times10^{-5}$	$2.823\,6\times10^{-5}$
2	频率/Hz	7.50	7.34	7.09	6.51
	频率敏感系数		$3.695\,65\times10^{-5}$	$3.969\,35\times10^{-5}$	$3.622\,7\times10^{-5}$
3	频率/Hz	9.49	9.19	9.03	8.4
	频率敏感系数		$5.064\,29\times10^{-5}$	$5.077\,18\times10^{-5}$	$5.095\,48\times10^{-5}$
4	频率/Hz	22.69	22.59	22.5	21.98
	频率敏感系数		$8.444\,82\times10^{-5}$	$8.478\,87\times10^{-5}$	$8.519\,52\times10^{-5}$
5	频率/Hz	23.11	23.01	22.94	22.16
	频率敏感系数		$2.543\,76\times10^{-4}$	$2.570\,64\times10^{-4}$	$2.606\,48\times10^{-4}$

表 3-9　*Y* 轴方向相对频率敏感系数

模态阶数	测试内容	工况 1	工况 2	工况 3	工况 4
1	频率/Hz	7.32	7.19	7.16	7.07
	频率敏感系数		$2.808\ 51\times10^{-5}$	$2.822\ 82\times10^{-5}$	$2.875\ 56\times10^{-5}$
2	频率/Hz	7.50	7.34	7.09	6.51
	频率敏感系数		$1.707\ 32\times10^{-5}$	$3.660\ 71\times10^{-5}$	$3.631\ 9\times10^{-5}$
3	频率/Hz	9.49	9.19	9.03	8.4
	频率敏感系数		$5.061\ 95\times10^{-5}$	$5.068\ 84\times10^{-5}$	$4.183\ 25\times10^{-5}$
4	频率/Hz	22.69	22.59	22.5	21.98
	频率敏感系数		$7.8260\ 9\times10^{-5}$	$8.471\ 8\times10^{-5}$	$8.521\ 11\times10^{-5}$
5	频率/Hz	23.11	23.01	22.94	22.16
	频率敏感系数		$2.511\ 11\times10^{-4}$	$2.531\ 4\times10^{-4}$	$2.557\ 94\times10^{-4}$

由图 3-12(a)、(b)可知,绝对频率敏感系数随着结构点处损伤程度的增加而
增大,高阶频率绝对敏感系数变化较明显,表明高阶频率对损伤更加敏感。由
图 3-12(c)、(d)可知,相对频率敏感系数随着损伤程度的增加而增大,高阶频率相
对敏感系数变化明显,表明高阶频率对损伤更加敏感。

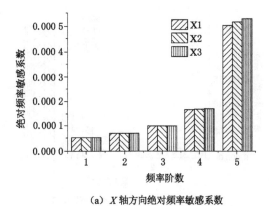

(a) *X* 轴方向绝对频率敏感系数

图 3-12　频率敏感系数

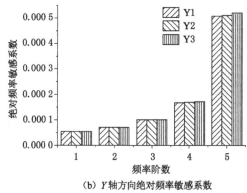

（b）Y轴方向绝对频率敏感系数

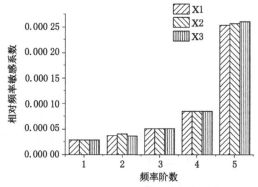

（c）X轴方向相对频率敏感系数

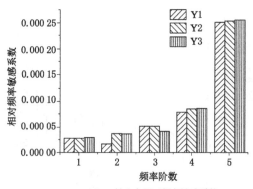

（d）Y轴方向相对频率敏感系数

图 3-12 （续）

　　第一组工况 X 轴方向和 Y 轴方向模态参数分析得出的结论基本相同,所以对第二组数据仅进行 X 轴方向上的数据分析。对结构 X 轴方向进行模态试验,综合工况 5～工况 10 这六种模态试验测试得到的模态参数和敏感性分析理论,可以得到结构各阶振型的相对敏感系数,如图 3-13 所示。由各阶相对振型敏感系数可知,高阶振型比低阶振型对损伤更敏感。

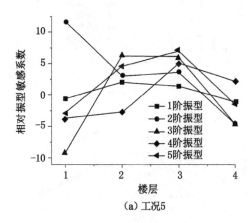

(a) 工况5

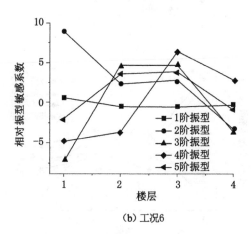

(b) 工况6

图 3-13　梁端损伤相对振型敏感系数

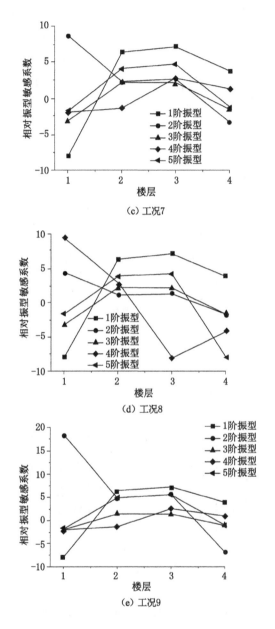

（c）工况7

（d）工况8

（e）工况9

图 3-13 （续）

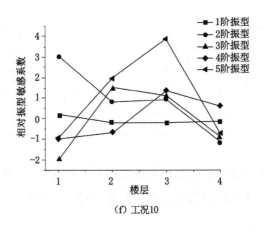

（f）工况10

图 3-13　（续）

3.2.2　柱端损伤模态测试及参数敏感性分析

为了研究震后钢管混凝土框架结构柱端损伤识别,对带楼板的空间钢管混凝土框架结构按照抗弯刚度损失的不同情况进行模态试验。这个损伤方案主要针对结构框架柱端某个部位不同程度的损伤进行研究,采用基于模态参数的频率敏感性分析理论对模态试验的测试结果进行分析。

对四层带楼板的空间钢管混凝土框架结构进行模态试验,通过测试和分析可以得到柱端损伤各种工况下结构的频率值,钢管混凝土框架结构柱端各种损伤工况下的频率如表 3-10 所示。

表 3-10　柱端损伤工况频率　　　　　　　　单位:Hz

工况	1 阶	2 阶	3 阶	4 阶	5 阶
工况 1	7.32	7.50	9.49	22.69	23.11
工况 2	7.19	7.04	9.19	22.59	23.01
工况 3	7.16	6.29	8.03	22.50	21.94
工况 4	7.07	6.11	7.60	21.98	21.16
工况 5	6.80	5.46	7.02	21.26	19.44
工况 6	6.80	5.16	5.93	20.66	18.54

表 3-10(续)

工况	1 阶	2 阶	3 阶	4 阶	5 阶
工况 7	6.76	4.58	5.13	19.85	17.68
工况 8	6.78	4.10	4.25	19.08	16.39
工况 9	6.70	3.72	3.46	18.01	15.76
工况 10	6.73	3.40	2.55	17.31	15.15

通过第 2 章中模态参数敏感性理论对结果进行分析,得到钢管混凝土框架结构柱端切口各损伤工况下的频率敏感系数,如图 3-14 所示。

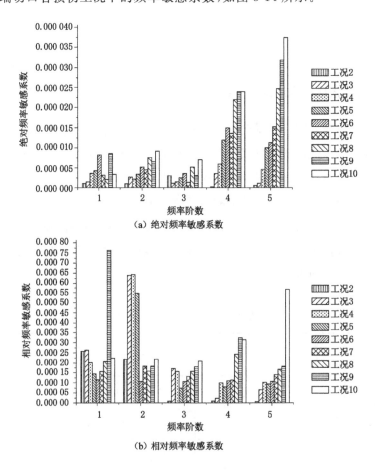

(a) 绝对频率敏感系数

(b) 相对频率敏感系数

图 3-14　柱端损伤频率敏感系数

由图 3-14 可知，绝对频率敏感系数随着损伤程度增加而增大，高阶频率绝对敏感系数变化较明显，表明高阶频率对损伤更为敏感。随着柱端处损伤程度的增加，绝对频率敏感系数在高阶频率状态下也随之增大。相对频率敏感系数也随着损伤程度的增加而增大，高阶频率相对敏感系数变化明显，表明高阶频率对损伤更加敏感。随着柱端处损伤程度的增加，相对频率敏感系数在高阶频率状态下也随之增大。

3.3　基于 CMCM 修正方法的结构损伤识别

3.3.1　有限元分析模型

有限元分析的基本思想就是对连续体进行离散化，利用简单的几何单元来近似逼近连续体。因此建立空间钢管混凝土框架结构的有限元分析模型要考虑对结构几何形状模型的准确描述，同时要保证模型的分析精度。单元数量直接影响计算精度和复杂程度，单元数量增加会提高计算精度，但同时计算会更复杂，因此在确定空间钢管混凝土框架结构的单元数量时应综合考虑计算的精度和复杂程度。

根据图 3-2～图 3-4 中试验模型尺寸、构件尺寸和钢管混凝土框架结构所用的材料特性，建立有限元分析模型如图 3-15 所示。由图 3-15 可知，有限元分析模型把空间钢管混凝土框架结构试验模型离散成 84 个单元，这些单元通过 45 个节点连接而成，这表明单元的质量均凝聚在节点处。编号 1 节点～编号 9 节点均固定于基座上，因此有限元分析模型的自由节点减少为 36 个。每个节点有 6 个自由度，所以建立的有限元分析模型共有 216 个自由度。图 3-15 中给出了有限元分析模型的节点编号和单元编号。

根据建立的有限元分析模型，装配结构整体坐标下的质量矩阵 M 和刚度矩阵 K，再进行特征值分析，得到有限元分析模型的模态频率和模态振型。同模态试验中模态测试一样，选取有限元分析模型的前 5 阶模态频率：7.32 Hz、7.50 Hz、9.49 Hz、22.69 Hz、23.11 Hz。

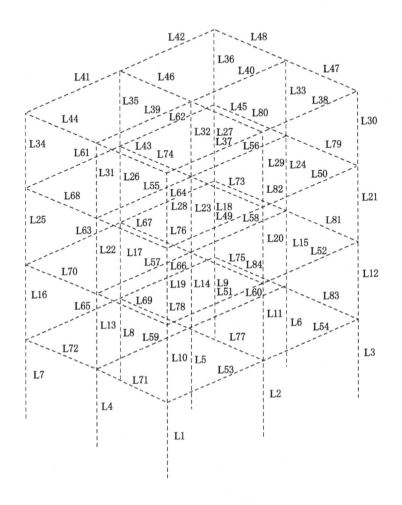

图 3-15　有限元分析模型图

　　图 3-16 为有限元分析模型的前 5 阶模态振型图,由图可以看出:第一阶振型是沿 x 轴方向的平动,第二阶振型是沿 y 轴方向的平动,第三阶振型是绕 z 轴的扭转。表 3-11 是有限元分析模型与试验模型前五阶自振频率比较。

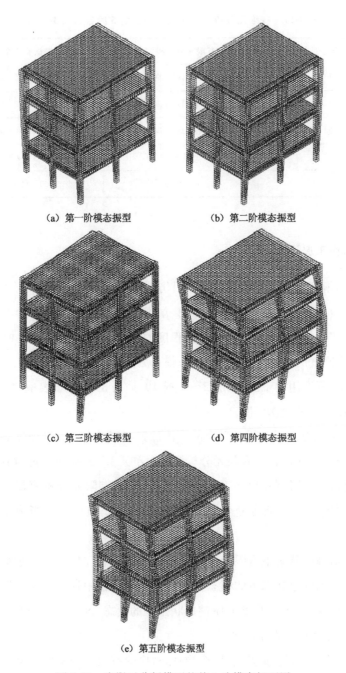

（a）第一阶模态振型　　　　　　（b）第二阶模态振型

（c）第三阶模态振型　　　　　　（d）第四阶模态振型

（e）第五阶模态振型

图 3-16　有限元分析模型的前 5 阶模态振型图

表 3-11　有限元分析模型与试验模型前 5 阶自振频率比较

模态	有限元分析模型	试验模型
1	7.32 Hz(x-向)	7.39 Hz(x-向)
2	7.50 Hz(y-向)	7.57 Hz(y-向)
3	9.49 Hz(θ-向)	9.51 Hz(θ-向)
4	22.69 Hz(θ-向)	22.73 Hz(θ-向)
5	23.11 Hz(θ-向)	23.17 Hz(θ-向)

3.3.2　损伤工况识别

对空间钢管混凝土框架结构进行损伤模拟时,损伤模拟对象可以选择两类典型的构件:梁或柱。损伤构件选取于方便施工操作的梁端或者柱端典型位置,考虑到实际情况,梁端或柱端损伤程度的模拟采用对单元弹性模量 E 进行折减来实现刚度的减少。采用 CMCM 修正方法对空间钢管混凝土框架结构进行损伤识别,所选用的工况(工况 2~工况 10)如表 3-4 所示,表中的 9 种损伤程度分别表示了 9 种损伤工况。

单元 L2 在有限元分析模型中的具体位置如图 3-15 所示,即模态试验测试结构中的一层中柱位置。有限元分析模型中单元 L2 的损伤通过对其进行折减弹性模量模拟后,得到在单元 L2 损伤情况下损伤有限元分析模型的质量矩阵 $\boldsymbol{M}^*$ 和刚度矩阵 $\boldsymbol{K}^*$。再通过特征值分析,得到损伤有限元分析模型的频率和振型。

同样,对健康状态下有限元分析模型的质量矩阵 $\boldsymbol{M}$ 和刚度矩阵 $\boldsymbol{K}$ 进行特征值分析,得到健康状态下的模态参数。在模态试验中选取 5 阶实测的损伤状态下的模态($N_j=5$),选取 216 阶健康状态下的模态($N_i=216$),组成含有 1 080 个 CMCM 线性方程的方程组。

模态试验中测试模型共有 84 个构件,对应的有限元分析模型也被划分成 84 个单元。需要确定的未知量是 α_n,其中 $n=1,2,\cdots,84$,一共有 84 个未知量。对式(2-117)进行求解时,主要是求出 C^+ 和 f^+。矩阵 C^+ 的维数是 $1\,080\times84$,而 f^+ 是 $1\,080\times1$ 的列向量。式(2-117)要有唯一解,就必须保证 C^+ 的秩要等于 84,才可以求出刚度损失系数向量 $\pmb{\alpha}$。刚度损失系数向量 $\pmb{\alpha}$ 不仅含有损伤的位置信息,还含有损伤单元的损伤程度信息。

图 3-17 给出了采用 CMCM 修正方法对空间钢管混凝土框架结构进行损伤识别的结果,图中 x 轴表示单元编号,y 轴表示损伤量值。表 3-4 中工况 2~工况 10 共 9 个损伤工况,可以看出采用 CMCM 修正方法成功地识别出各种工况下损伤位置均发生在单元 L2 处,并成功识别出对应损伤工况下的损伤程度分别为 5. 54%、10. 60%、14. 04%、14. 68%、24. 22%、27. 52%、28. 80%、37. 29% 和 40. 46%,与模拟的损伤程度大小完全一致(除单元 L2 外其他单元的损伤程度识别值均为 10^{-6} 量级,可以认为这些单元没有发生损伤)。

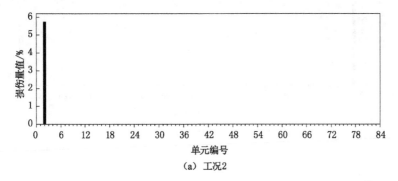

(a) 工况2

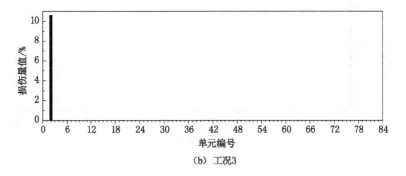

(b) 工况3

图 3-17　各工况损伤识别结果

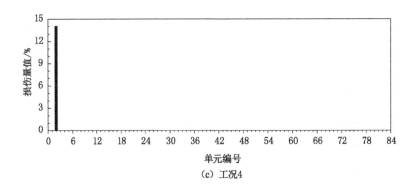

（c）工况4

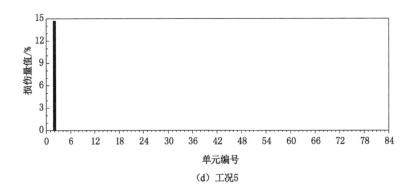

（d）工况5

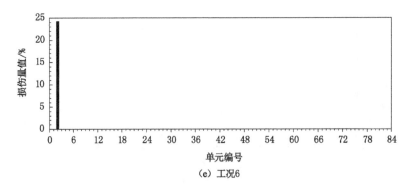

（e）工况6

图 3-17 （续）

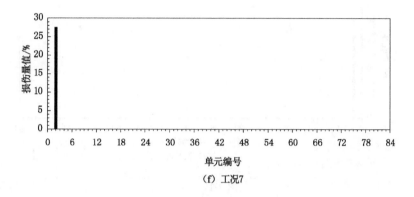

（f）工况7

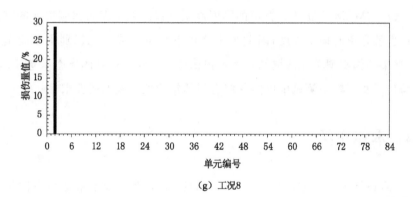

（g）工况8

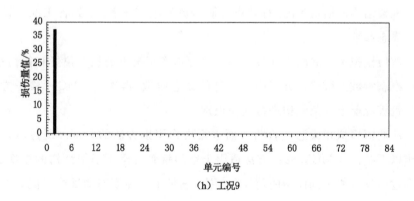

（h）工况9

图 3-17　（续）

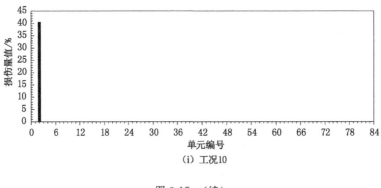

（i）工况10

图 3-17 （续）

通过 CMCM 修正法计算出的刚度修正系数的大小表明相应单元的刚度减小值，也就是单元损伤程度，因此采用修正系数可以成功地识别出空间钢管混凝土框架结构实测单元的损伤程度及损伤位置。而且用到的模态信息只是前 5 阶，满足了实际模态测试中仅能获取有限的精确低阶模态的要求。

3.4 本章小结

本章设计了一个缩尺比例为 1∶4 的四层钢管混凝土带楼板空间框架模型，采用松紧梁端的螺栓连接及柱端钢管切口损伤两种方法来模拟震后钢管混凝土框架结构的损伤工况，对其进行脉冲激励模态试验，得到各工况下试验模型的模态参数。

数值模拟钢管混凝土框架结构在多种损伤工况下的损伤位置和损伤程度，通过模态参数的敏感性分析确定合理的模态阶数，再通过 CMCM 修正方法对空间钢管混凝土框架结构进行损伤识别。

从数值模拟和模态试验两方面进行损伤识别方法的验证。通过本章研究得出以下结论：CMCM 修正方法适用于空间钢管混凝土框架结构的损伤识别，识别过程仅需要用到模型的前 5 阶模态，满足了实际模态测试中只能获取有限的低阶模态的要求，损伤定位和损伤程度判断均非常准确。

第 4 章　钢管混凝土框架结构加固性能试验研究

随着结构鉴定与加固改造技术的迅速发展,相关的技术标准、规范和规程得到了制定并不断更新。但不管是结构鉴定还是加固设计方法,现在都还主要停留在"构件层次"上。大量的加固改造仍然采取"头痛医头,脚痛医脚"的方式,加固对象主要局限于局部构件,而实际的结构都是有很高冗余度的超静定结构。

本试验从结构体系的"整体特性"出发,以模拟地震损伤的钢管混凝土柱-钢梁框架为研究对象,采用碳纤维布加固和碳纤维布及焊接钢板复合加固两种方式。试验的目的是在"结构层次"上对加固前与加固后钢管混凝土框架结构在模拟地震的低周反复荷载作用下的抗震性能进行比较研究,探讨采用碳纤维布加固和碳纤维布及焊接钢板复合加固这两种方法的可行性和有效性,为地震后发生一定程度损伤的钢管混凝土框架结构加固修复设计提供依据。

4.1　试验概况

4.1.1　试件设计

将第 3 章中的两跨两开间四层空间钢管混凝土框架结构拆除成三榀 1/4 缩尺比例完全相同的三层两跨钢管混凝土框架结构试件,试件编号分别为 KJ-1、KJ-2 和 KJ-3,三榀试件均基于规范[133]进行设计并制作。其中,试件框架柱为 Q235B 冷弯方形空心钢管,钢管截面尺寸为 150 mm×6 mm,浇注强度等级为 C40 的混凝土于钢管内。框架梁采用 18 号冷轧工字型钢。框架钢梁上下翼缘与框架柱外加强环焊接对接,腹板与加强环采用 M20 高强螺栓连接。试件中钢管混凝土柱的含钢率 a 为 0.093 75,一层梁柱线刚度比 k 为 1.298 6,二层梁柱线刚度比 k 为 1.428 4。试件尺寸及节点分别见图 4-1 和图 4-2。

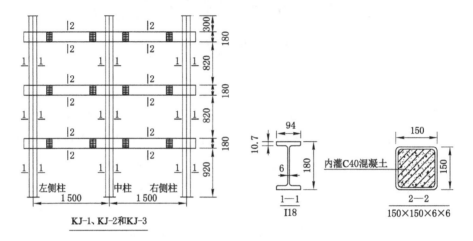

图 4-1　试件尺寸

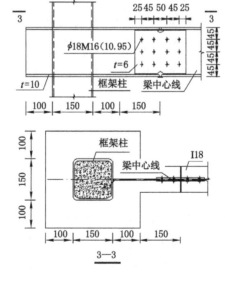

图 4-2　节点详图

　　试件各项材料力学性能试验在长江大学土木工程实验教学中心完成,主要测试的性能指标有:钢材屈服强度 f_y、极限抗拉强度 f_u 和弹性模量 E_s;混凝土立方体抗压强度 $f_{cu,k}$。

　　制作试件时,对同批次不同厚度的钢材标准拉伸试件进行了制作。按照《金属材料 拉伸试验 第 1 部分:室温试验方法》(GB/T 228.1—2021)的要求,测得钢材材料性能结果见表 4-1。

表 4-1　钢材实测材料性能

壁厚 t/mm	屈服强度 f_y/MPa	极限强度 f_u/MPa	弹性模量 E_s/MPa
4	358.5	401.7	2.03×10^5
6	385.4	458.8	1.86×10^5
10	357.4	437.2	2.01×10^5

　　试件核心混凝土强度等级为 C40,采用细石混凝土一次性浇注。根据《混凝土物理力学性能试验方法标准》(GB/T 50081—2019)的要求,在核心混凝土浇注过程中随机取样制作了 9 个标准立方体混凝土试块,同试件一起在实验室自然养护 28 d,通过对这组试块进行试验得到混凝土立方体抗压强度为 38.80 MPa。

4.1.2　试验加载

　　根据《建筑抗震试验规程》(JGJ/T 101—2015)的要求,在实验室内对各种类型的建筑物和构筑物进行抗震性能基本试验,有拟静力试验、拟动力试验、模拟地震振动台动力试验和原型结构动力试验 4 种主要方法。

　　其中,拟静力试验又称为低周反复荷载试验,是目前研究结构和构件抗震性能应用较广泛的抗震试验方法之一。采用一定的荷载控制或位移控制,并按照一定程序逐级反复或重复地对结构施加荷载或位移。拟静力试验能够获得结构或构件的载力、刚度、延性系数、滞回性能、耗能能力等抗震性能参数值。另外,拟静力试验还可以确定和建立结构的恢复力力学或者数学模型。

　　拟静力试验方法适合于对砖混结构、钢筋混凝土结构、钢结构和组合结构的抗震性能进行研究;具有经济性和实用性的优点,对仪器设备的要求较低,而且试件模型的制作费用也相对较低。

　　鉴于长江大学土木工程实验教学中心的条件和拟静力试验方法的优点,本书采用拟静力试验方法对钢管混凝土框架结构进行水平低周反复荷载的施加。加载装置和加载现场如图 4-3 所示。水平低周反复荷载采用±150 mm 行程的电液伺服作动器进行施加,竖向轴向压力荷载采用置于滑动小车下的液压千斤顶施加,滑动小车固定在反力架下面,行程为±150 mm。先施加竖向轴向压力荷载于柱顶,试件中柱轴向恒定压力为 500 kN,边柱轴向恒定压力为 300 kN,保持各柱轴压比不变,然后采用位移控制方式对第三层梁中心线处施加水平低周反复荷载。

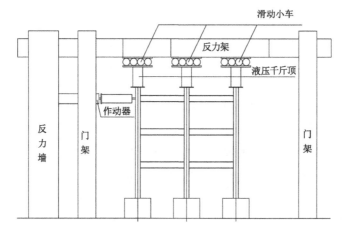

（a）加载装置

（b）加载现场

图 4-3　加载装置和加载现场

　　为了保证试验的顺利进行,在加载过程中要注意三点:第一,试件就位后,由液压千斤顶在柱端施加预定轴力之前,先要对试件进行预加载,使加载装置的各部分与柱顶充分接触,其目的是消除内部混凝土的不确定因素,同时检测应变仪器和位移仪器的工作状态是否稳定,确保试验结果的准确采集;第二,液压千斤顶重新加载到预定轴压比,在试验过程中要注意各连接部件的反复拧紧,也要注意液压千斤顶的数值变化,及时保证竖向荷载的稳定;第三,结构是否屈服,由荷载-位移曲线上是否出现拐点和应变读数进行综合判断。

　　水平低周反复荷载采用位移控制加载方法,初始加载位移 $\Delta = 3.10$ mm。加载初期,取每个循环峰值侧移率 Δ/L 增加率为 0.1%,试件屈服前,每级荷载反复加载 1 次。试件屈服后,水平加载位移按屈服位移 Δ_y 的整数倍进行逐级增加,每级荷载反复加载 3 次。随着变形增加,当水平荷载下降到各级水平荷载中最大值的 85% 以下时,表明试件已经破坏,停止试验。水平低周反复荷载加载制度如图 4-4 所示。

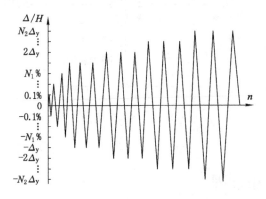

图 4-4　水平低周反复荷载加载制度

4.1.3　测量内容

　　试验测量的主要内容为:加载点水平荷载和水平位移、节点转角、梁端和柱端应变。根据试件在加载过程中的变形测试需要,试验布置了 11 个位移测试点,位移变形均采用 DH3816 静态应变测试系统进行全程自动采集。为了获得试件各控制截面应力状况,对试验过程中结构出现塑性铰的先后顺序和位置进行判断,试件上布置了 108 个单向应变片和 8 个应变花,应变也采用 DH3816 静态应变测试系统进行全程自动采集。应变测点位置选择在试件控制的截面:框架柱端、框架梁端、节点核心区、加固碳纤维布和加固钢板。测点布置如图 4-5 所示。

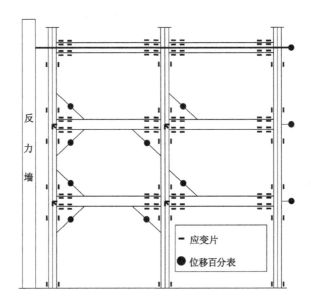

图 4-5　测点布置

4.2　碳纤维布加固

为了研究碳纤维布加固地震损伤后钢管混凝土结构的抗震性能,本书拟从结构层次上对采用碳纤维布加固前后的方钢管混凝框架进行拟静力破坏试验,探讨采用碳纤维布对其进行加固的可行性和有效性。

4.2.1　加固方案

三榀试件中作为对比试件的编号为 KJ-1,为了模拟地震作用下的损伤,采用拟静力试验方法将试件 KJ-1 直接加载至破坏。试件 KJ-1A 是对损伤后的 KJ-1 进行加固修复后的试件编号,首先补焊修复加强环与钢梁翼缘连接处的损伤,然后采用框架柱端外包碳纤维布及梁端粘贴碳纤维布的加固方法[134]。

　　框架柱端在靠近节点沿柱高度 250 mm 范围内外包 2 层碳纤维布;框架梁端在靠近节点 300 mm 范围内粘贴两层宽度为 90 mm 的碳纤维布,并在靠近节点一端粘贴两层宽度为 100 mm 的横向碳纤维布压条。碳纤维布加固示意图如图 4-6 所示。

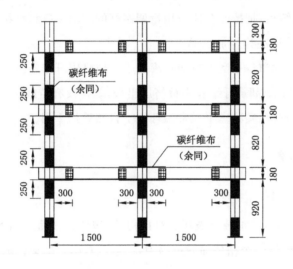

图 4-6　碳纤维布加固示意图

　　试验用碳纤维材料采用武汉长江加固技术有限公司提供的"长江加固" CJ200-Ⅱ型碳纤维布,结构胶采用的是"长江加固"YZJ-CQ 型纤维复合材料浸渍黏结用胶(粘贴纤维布)。碳纤维布的力学性能见表 4-2。

表 4-2　碳纤维布的力学性能

抗拉强度/MPa	弹性模量/MPa	伸长率/%	厚度/mm
3 209.4	2.5×10^5	1.5	0.111

　　碳纤维布加固的施工工艺相对比较简单,但对施工过程要求较严格,只有

保证施工质量才能达到预期的加固效果。要想获得充分的加固效果,必须将构件和碳纤维布牢固粘贴,参考武汉长江加固技术有限公司提供的"产品手册",整个施工工艺的主要步骤为:

① 碳纤维布剪裁:用特制的剪刀或锋利的小刀将碳纤维布切割成所需要的形状和尺寸。

② 构件表面处理:先将试件加固部位表面的油漆打磨掉,露出光滑平整的结构面,再用丙酮擦洗除去表面多余的油漆和油脂,清理干净并保持干燥。

③ 涂刷黏结料:把按配合比与用量调制好的 YZJ-CQ 型纤维复合材料浸渍黏结用胶均匀涂刷在构件加固部位。

④ 粘贴碳纤维布:用刮子或塑料滚筒小心地将碳纤维布沿纤维方向滚压在黏结剂上,直到黏结剂从纤维丝中被挤压出来,确保没有空鼓。

⑤ 表面防护:在实验室干燥常温环境下自然养护 1 周。

4.2.2　试验现象

4.2.2.1　试件 KJ-1

试件 KJ-1 为直接加载至破坏的对比构件,破坏过程简述如下:在水平位移为 ±15.5 mm 的第一个循环加载过程中,一层左右两个框架柱加强环与钢梁翼缘连接处漆皮先后出现轻微剥落,加强环与钢梁下翼缘连接处出现微小翘曲;水平位移为 ±18.6 mm 的第一个循环加载过程中,一层中柱加强环与钢梁左右两端上下翼缘处鼓曲明显,应变采集结果显示此处钢材已经首先屈服;水平位移为 +24.46 mm 的第一个循环加载过程中,一层三个柱的加强环与钢梁翼缘连接处均屈服,框架模型进入屈服状态;水平位移为 ±46.5 mm 的第一个循环加载过程中,二层柱加强环与钢梁翼缘连接处屈服,一层钢梁下翼缘出现裂缝,裂缝随着水平位移的增大进一步扩大至断裂;水平位移为 ±124 mm 的第二个循环加载过程中,水平位移为 +115.95 mm 时,二层柱加强环与钢梁上下翼缘连接处裂缝继续扩大,直至完全断裂,承载力下降至峰值荷载的 85% 以下,试验结束。试件 KJ-1 破坏形态见图 4-7。

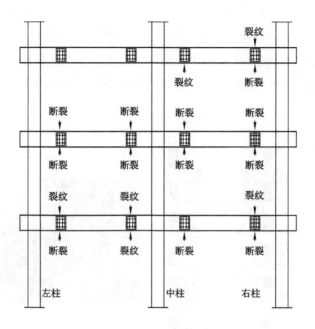

图 4-7　试件 KJ-1 破坏形态

4.2.2.2　试件 KJ-1A

试件 KJ-1A 是对损伤后的试件 KJ-1 进行碳纤维布加固修复后,再次采用低周反复荷载试验,加载至破坏。破坏过程简述如下:水平位移为 ±15.5 mm 的第一个循环加载过程中,结构无明显损伤现象,只有零星脆裂声;水平位移为 ±21.7 mm 的第一个循环加载过程中,一层左右两柱顶处加强环与钢梁下翼缘连接处出现微小翘曲,碳纤维布开始出现褶皱;水平位移为 −27.91 mm 的第一个循环加载过程中,二层左右两柱顶加强环与钢梁上下翼缘连接处出现微小翘曲,碳纤维布出现明显断裂声,框架模型屈服;水平位移为 ±46.5 mm 的第二个循环加载过程中,一层左右两柱顶加强环与钢梁上下翼缘连接处碳纤维布开始剥离,一层中柱顶加强环与钢梁上翼缘连接处碳纤维布也出现微小剥离,二层左右两柱顶加强环与钢梁上下翼缘连接处碳纤维布开始出现微小剥离;水平位移为 ±108.5 mm 的第二个循环加载过程中,一层左右两柱顶加强环与钢梁上下翼缘连接处碳纤维布完全剥离,二层左右两柱顶加强环与钢梁上下翼缘连接处碳纤维布剥离不断扩展；水平位移为±124 mm 的第三个循环加载过程中，当水平位移为＋124.15 mm 时，二层左右两柱顶加强环与钢梁上下翼缘连接处碳纤维布完全剥离，三层左右两柱顶加强环与钢梁上翼缘连接处屈曲，承载力下降至峰值荷载的 85％，试验结束。试件 KJ-1A 破坏形态如图 4-8 所示。

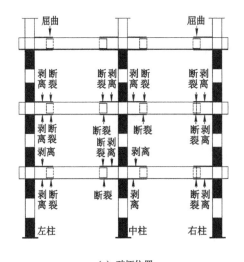

（a）破坏位置　　　　　　　　（b）翼缘屈曲及碳纤维布剥离

图 4-8　试件 KJ-1A 破坏形态

4.2.3　试验结果及分析

4.2.3.1　滞回曲线

滞回曲线又称为恢复力曲线，一般来说，滞回曲线能够反映结构或构件在各个阶段的荷载与变形关系，通过它可以分析结构或构件的承载力、刚度、能量耗散和延性大小。结构或构件滞回曲线的形状主要有梭形、弓形、反 S 形和 Z 形四种，如图 4-9 所示。

滞回曲线为梭形，说明结构或构件滞回曲线形状非常饱满，反映出整个结构或构件具有很强的变形能力、很好的能量耗散能力和优越的抗震性能。滞回曲线为弓形，表明滞回曲线出现了一定的滑移，具有"捏缩效应"，其形状比较饱

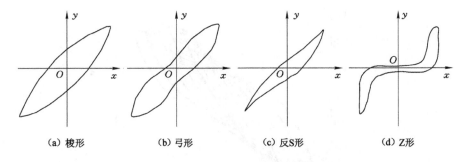

（a）梭形　　　（b）弓形　　　（c）反S形　　　（d）Z形

图 4-9　典型的滞回曲线形状示意图

满,但饱满度比梭形滞回曲线要低,反映出整个结构或构件的变形能力比较强,能较好地耗散地震能量,具有较好的抗震性能。滞回曲线为反 S 形,表明与弓形相比,滞回曲线受更多的滑移影响,整个滞回曲线的形状不饱满,说明该结构或构件的延性和地震能量吸收能力比较差,反映出该结构或构件的抗震性能较差。滞回曲线为 Z 形,反映出滞回曲线受到了大量的滑移影响,具有滑移性质。

　　图 4-10 分别给出了对比试件 KJ-1 和加固试件 KJ-1A 的水平荷载-位移滞回曲线,由图 4-10 可知:

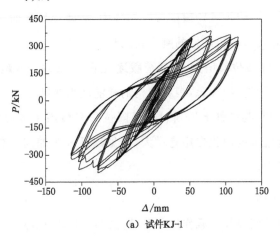

（a）试件KJ-1

图 4-10　试件水平荷载-位移滞回曲线

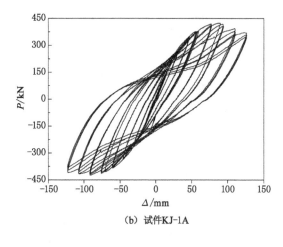

（b）试件 KJ-1A

图 4-10 （续）

① 试件 KJ-1 和试件 KJ-1A 在柱加强环与梁翼缘连接处损伤前，试件均处于弹性工作阶段，正向和反向加卸载循环一周形成的滞回环所包围的面积很小，荷载和位移基本呈线性关系，滞回曲线狭长细窄；试件三层柱顶变形很小，卸载后的残余应力也极小，加载时滞回曲线斜率变化小，刚度退化不明显。

② 试件 KJ-1 和试件 KJ-1A 屈服后，两试件均处于弹塑性工作阶段，滞回环呈曲线形状。同一级加载阶段的 3 次循环中，后两次循环曲线的峰值荷载均小于第 1 次循环曲线，表明结构的刚度在退化。

③ 随着水平加载位移增大，峰值荷载逐级下降，试件进入塑性工作阶段，滞回环呈现出一定的"捏拢"现象，表明结构的耗能能力在减小。

④ 试件 KJ-1A 与试件 KJ-1 相比，极限位移和极限承载力均有所提高，滞回环与位移轴所包围的面积也略有增大，可见碳纤维布加固能在一定程度上改善结构的耗能能力。

4.2.3.2　骨架曲线

骨架曲线为低周反复荷载作用下各节点滞回曲线峰值点的连线（外包线），与一次性加载曲线相接近。骨架曲线能够反映出构件的屈服荷载和位移、极限荷载和位移等特征点，同时反映了反复荷载作用下，结构或构件能量吸收耗散、延性、强度、刚度及其退化等力学特性。

　　试件的骨架曲线见图 4-11,从图中可以看出:框架模型屈服时的顶点位移角为 1/127～1/112,峰值荷载时的顶点位移角为 1/29～1/25,极限位移角为 1/40～1/36,显示了加固后试件良好的延性变形能力,满足大震不倒的抗震要求。两个试件在屈服前刚度相差不大,表明试件屈服后碳纤维布加固的作用才能有效发挥。

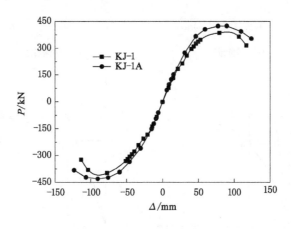

图 4-11　各试件骨架曲线

　　钢管混凝土结构的受力特性与钢筋混凝土结构和钢结构的受力特性略有不同,而且试验模型框架结构的骨架曲线上找不到明显屈服点,对钢管混凝土框架结构的屈服和破坏的确定到目前为止尚无统一的准则。为了分析讨论框架结构的抗震性能,有必要确定一个理想的假定屈服点。

　　目前,在结构试验中,对于没有明显屈服点的荷载-位移骨架曲线,确定其屈服点的常用方法有:① 等能量法一;② 等能量法二;③ 图解法;④ Park 法。屈服点确定方法如图 4-12 所示。

　　上述四种确定屈服点的方法各有优缺点,实际应用也各有难度。比如,等能量法中阴影部分的面积不容易计算;图解法中原点切线也难以比较准确地确定,不同的研究者可能得出的结果差别较大;而 Park 法中 β 的取值与结构构件的受力性能直接相关,不同的学者也有不同的建议,目前还没有关于钢管混凝

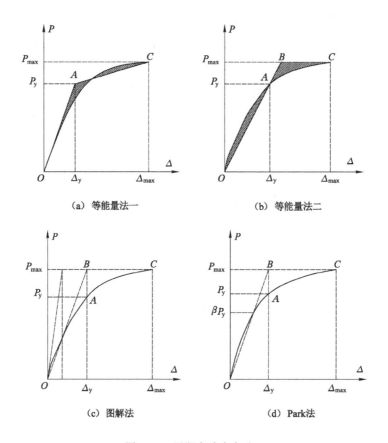

图 4-12　屈服点确定方法

土框架结构的 β 值的文献报道。

　　本书试验模型的框架结构均为强柱弱梁型,试验时框架梁端的应变最先达到屈服,同时也是在梁端最先形成塑性铰。通过分别采用这四种方法试算结果与试验结果的比较,本书采用等能量法二确定结构的屈服荷载和屈服位移。

　　试验模型框架结构的破坏荷载一般定义为 $P_u = 0.85 P_{max}$。破坏荷载对应位移定义为框架结构的极限位移 Δ_u。P_{max} 为试验模型框架结构第三层柱顶的最大峰值荷载,对应的第三层柱顶水平位移用 Δ_{max} 表示。

　　根据图 4-11 所示的框架模型实测的荷载-位移骨架曲线确定的试件性能指标见表 4-3。由表 4-3 可以看出:碳纤维布加固提高了试件的极限承载力,最大提高了 9.92%；碳纤维布加固增大了试件的极限位移，最大增大了 12.04%。这说明碳纤维布加固有着较好的效果。

表 4-3　试件的各项性能指标

试件编号	加载方向	极限荷载/kN	极限荷载提高值/%	极限位移/mm	极限位移提高值/%
KJ-1	正	385.77	—	79.14	—
	反	−398.62	—	−77.34	—
KJ-1A	正	424.03	9.92	84.58	5.44
	反	−430.93	8.11	−86.65	12.04

4.2.3.3　延性和耗能能力

延性是抗震设计时的重要指标，结构或构件从屈服开始到达最大承载力或到达以后而承载力无明显下降期间的变形能力称为延性。根据对变形的不同定义，延性分为三类：位移延性、曲率延性和转角延性。结构或构件的延性系数定义为破坏时的变形同屈服时的变形的比值，是无量纲。位移延性系数和转角延性系数表示结构或构件的宏观性能，曲率延性系数只反映构件某一截面的特性。本书采用位移延性系数对试验模型的框架结构进行分析。

位移延性系数：以结构破坏时第三层柱顶水平位移 Δ_u 同结构屈服时的第三层柱顶水平位移 Δ_y 的比值 μ 来表示。

$$\mu = \Delta_u / \Delta_y \tag{4-1}$$

式中：Δ_u 为试件破坏荷载所对应的柱顶水平位移；Δ_y 为试件屈服荷载所对应的柱顶水平位移。

结构或构件在反复水平荷载的作用下每次正反方向的加载循环中，加载过程中吸收的能量和卸载过程中释放的能量是不相同的。一个滞回环所包围的面积就是结构或构件在一次循环中的耗能量，也是吸收能量和释放能量的差值。结构或者构件的滞回耗能能力就是通过自身的变形来消耗掉加载时吸收的能量。能量耗散系数 E 定义为用滞回环所围的面积除以滞回曲线下的三角形面积。一般用等效黏滞阻尼系数 h_e 的大小作为衡量结构或构件在地震中的耗能指标的重要参考。本书用各试件节点滞回曲线的包络线来计算等效黏滞阻尼系数 h_e。等效黏滞阻尼系数 $h_e = E/2\pi$，显然滞回环越饱满，能量耗散系数和等效黏滞阻尼系数越大，结构的耗能能力越强，抗震性能就越好。根据图 4-13，能量耗散系数 E 和等效黏滞阻尼系数 h_e 可以按照式（4-2）和式（4-3）进行计算。

$$E = \frac{S_{(ABC+CDA)}}{S_{(OBE+ODF)}} \tag{4-2}$$

$$h_e = \frac{E}{2\pi} \tag{4-3}$$

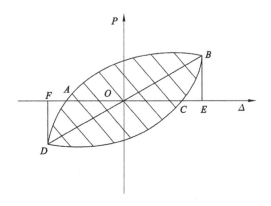

图 4-13　滞回环与能量耗散

耗能能力采用等效黏滞阻尼系数 h_e 来衡量[135]。试件 KJ-1 和试件 KJ-1A 的延性系数及耗能能力指标如表 4-4 所示，由表可以看出：经碳纤维布加固后，试件 KJ-1A 的延性系数高于试件 KJ-1，这表明碳纤维布加固在一定程度提高了结构的延性，提高幅度为 3.49%；经碳纤维布加固后，试件 KJ-1A 的等效黏滞阻尼系数高于试件 KJ-1，这表明碳纤维布加固增强了结构的耗能能力，提高幅度为 7.69%。

表 4-4　试件延性系数及耗能能力指标

试件编号	屈服位移/mm	极限位移/mm	延性系数	h_e
KJ-1	24.46	105.23	4.30	0.13
KJ-1A	27.91	124.15	4.45	0.14

4.2.3.4　强度退化和刚度退化

由试验得到试件的水平荷载-位移滞回曲线可知,框架结构在整个试验过程中出现了一定程度的强度退化现象。在循环水平反复荷载作用下,当保持位移不变时,结构或构件的峰值荷载随循环次数的增加而降低的现象称为强度退化。一般试验模型结构可以采用同级荷载强度退化系数 λ_j 来表示[133]:

$$\lambda_j = \frac{P_i^j}{P_i^1} \tag{4-4}$$

式中: P_i^1 为第 i 次加载时,第 1 次循环的荷载峰值; P_i^j 为第 i 次加载时,第 j 次循环的荷载峰值。

通过各个试验模型框架的水平荷载-位移滞回曲线可以计算得到框架在各个阶段经历 3 次反复循环后强度降低系数 λ_3 ($\lambda_3 = P_i^3/P_i^1$)。试件 KJ-1 和试件 KJ-1A 的强度退化系数变化如图 4-14 所示,由图可以看出,随着加载位移的增加,试件 KJ-1 和试件 KJ-1A 的强度均呈退化趋势。强度退化的主要原因是结构的损伤累积,表现为框架柱加强环与框架钢梁翼缘连接处拉裂的产生。

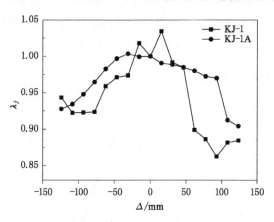

图 4-14　强度退化系数变化曲线

从上文试验框架模型结构的滞回曲线图可以发现,在水平位移荷载的作用下,模型结构的刚度在不断地退化。刚度退化一般有以下三种定义:① 刚度随着循环周数和位移接近极限值而不断下降;② 在保持相同的峰值荷载时,对应的峰值位移随循环次数的增加而增大;③ 在保持相同的加载位移时,结构或试件的刚度随着加载次数的增加而减小。而对结构刚度的定义主要有：① 相对刚度 P/Δ；② 环线刚度 K_i；③ 割线刚度 K_j。

环线刚度的定义如下：

$$K_i = \frac{\sum\limits_{j=1}^{n} P_i^j}{\sum\limits_{j=1}^{n} \Delta_i^j} \tag{4-5}$$

式中：K_i 为环线刚度；P_i^j 为位移荷载 $\Delta/\Delta_y = i$ 时，第 j 次循环加载时峰值点的荷载值；Δ_i^j 为位移荷载 $\Delta/\Delta_y = i$ 时，第 j 次循环加载时峰值荷载点对应的位移值；n 为循环次数。

割线刚度的定义为：

$$K_j = \frac{|+P_j| + |-P_j|}{|+\Delta_j| + |-\Delta_j|} \tag{4-6}$$

式中：K_j 为割线刚度；P_j 为位移荷载 $\Delta/\Delta_y = j$ 时的峰值点荷载值；Δ_j 为位移荷载 $\Delta/\Delta_y = j$ 时的峰值点对应的位移值。

本书采用割线刚度来描述钢管混凝土结构的退化。试件 KJ-1 和试件 KJ-1A 的割线刚度 K_j 随加载位移的变化情况如图 4-15 所示，由图可以看出：试件 KJ-1 和试件 KJ-1A 随着加载位移的增加，刚度也呈退化趋势；试件 KJ-1A 比试件 KJ-1 的刚度下降略显平缓，说明碳纤维布加固能延缓试件的刚度衰减。

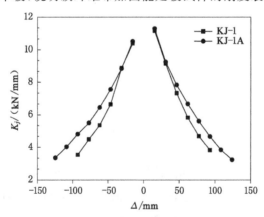

图 4-15　割线刚度退化曲线

4.3　碳纤维布及钢板复合加固

加焊钢板加固方法由于具有耐久性好、经济效益高和施工便捷等优点,依然是钢结构加固中应用较普遍的方法之一[136-140]。碳纤维布采用的是粘贴方式,在梁端不易锚固,容易发生剥离破坏,而钢板采用的是焊接方式,更容易锚固。因此,可以考虑采用另外一种加固方式,即对钢管混凝土柱-钢梁框架结构采用碳纤维布及钢板复合加固方式,并从"结构层次"对其进行加固后抗震性能试验。首先对框架试件进行不同程度的预损,然后采用碳纤维布和钢板加固预损后的框架试件,再对加固后的框架试件进行低周反复荷载试验。研究碳纤维布及钢板复合加固不同损伤程度的钢管混凝土框架结构的极限承载力、延性和耗能能力等抗震性能,探讨这种加固钢管混凝土框架结构方法的可行性和有效性。

4.3.1　加固方案

三榀试件中,试件 KJ-1 作为对比试件,直接加载至破坏。试件 KJ-2 和试件 KJ-3 先进行低周反复荷载试验,模拟地震作用形成损伤。试件 KJ-2 模拟大震时严重损伤,位移角取 1/50,控制最后一级加载顶端位移为 62 mm。试件 KJ-3 模拟中震时中度损伤,位移角取 1/100,控制最后一级加载顶端位移为 31 mm。预损后,试件 KJ-2 和试件 KJ-3 均采用柱端外包碳纤维布及梁端外加强环与钢梁连接处加焊钢板复合加固的方法。表 4-5 列出了各试件的试验参数。

表 4-5　试件的试验参数

试件编号	预损加载位移	加固方式
KJ-1	加载至破坏	未加固
KJ-2	62 mm	柱端碳纤维布及梁端钢板加固
KJ-3	31 mm	柱端碳纤维布及梁端钢板加固

焊接钢板加固参照了《钢结构加固技术规范》(CECS 77—1996)和《钢结构检测评定及加固技术规程》(YB 9257—1996)。试件 KJ-2 和试件 KJ-3 框架柱端均采用碳纤维布加固,在钢梁上下翼缘处沿柱高度 250 mm 的范围内外包 2层碳纤维布[134]。框架梁端采用加焊钢板加固,在柱加强环与钢梁端上下翼缘连接处焊接长度为 300 mm 的钢板,试件加固示意图如图 4-16 所示。

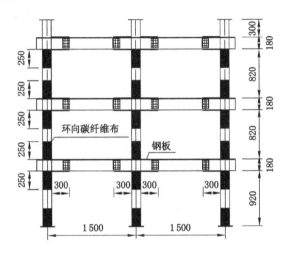

图 4-16　碳纤维布及钢板加固示意图

4.3.2　试验现象及破坏形态

4.3.2.1　试件 KJ-1

试件 KJ-1 为上文中采用碳纤维布加固方法中的对比试件,不进行加固,直接加载至破坏。结构破坏形态如上文中的图 4-7 所示。

4.3.2.2　试件 KJ-2

试件 KJ-2 预损至位移 62 mm,卸载后经碳纤维布及钢板复合加固,再加载至破坏。位移为 ±15.5 mm 的加载过程中,试件无明显损伤变化,只有零星脆裂声;位移为 ±21.7 mm 的加载过程中,一层左右两柱顶加强环与钢梁上下翼缘连接处加焊钢板应变值达 1 766×10⁻⁶ 以上,钢板屈服,并出现微小裂纹;水平位移为 −25.59 mm 时,二层左右两柱顶加强环与钢梁上下翼缘连接处加焊钢板应变值达 $1\,778\times10^{-6}$ 以上,钢板屈服;位移为 ±46.5 mm 的第二个循环加载过程中,一层左右两柱顶加强环与钢梁上下翼缘连接处加焊钢板裂纹不断扩展并断裂,一层中柱顶加强环与钢梁上下翼缘连接处加焊钢板应变值达 $1\,766\times10^{-6}$ 以上,钢板屈服,二层左右两柱顶加强环与钢梁上下翼缘连接处加焊钢板出现微小裂纹;水平位移为 ±108.5 mm 的第二个循环加载过程中,一层左右两个柱顶加强环与钢梁上下翼缘连接处加焊钢板完全断裂,二层左右两个柱顶加强环与钢梁上下翼缘连接处加焊钢板出现裂纹并不断扩展;水平位移为 ±124 mm 的第三个循环加载过程中,当水平位移为 $+125.14$ mm 时,二层左右两柱顶加强环与钢梁上下翼缘连接处加焊钢板完全断裂,三层左右两柱顶加强环与钢梁上下翼缘连接处加焊钢板断裂,承载力下降至峰值荷载的 85%,试验结束。

4.3.2.3　试件 KJ-3

试件 KJ-3 预损至位移为 31 mm 时,卸载后经碳纤维布及钢板复合加固,再加载至破坏。水平位移为 ±15.5 mm 的第一个循环加载过程中,试件无明显损伤变化,只有零星脆裂声;水平位移为 ±21.7 mm 的第一个循环加载过程中,一层左右两柱顶加强环与钢梁上下翼缘连接处加焊钢板应变值达 $1\,766\times10^{-6}$ 以上,钢板先后屈服,并出现微小裂纹;水平位移为 -28.23 mm 时,二层左右两柱顶加强环与钢梁上下翼缘连接处加焊钢板应变值达 $1\,766\times10^{-6}$ 以上,钢板屈服;水平位移为 ±46.5 mm 的第二个循环加载过程中,一层左右两柱顶加强环与钢梁上下翼缘连接处加焊钢板裂纹不断扩展并断裂,一层中柱顶加强环与钢梁上下翼缘连接处加焊钢板应变值达 $1\,766\times10^{-6}$ 以上,钢板屈服,二层左右两柱顶加强环与钢梁上下翼缘连接处加焊钢板出现微小裂纹;水平位移为 ±108.5 mm 的第二个循环加载过程中,一层左右两柱顶加强环与钢梁上下翼缘连接处加焊钢板完全断裂,二层左右两柱顶加强环与钢梁上下翼缘连接处加焊钢板出现裂纹并不断扩展;水平位移为 ±124 mm 的第三个循环加载过程中,当水平位移为 $+126.27$ mm 时,二层左右两个柱顶加强环与钢梁上下翼缘连接处加焊钢板完全断裂,三层左右两柱顶加强环与钢梁上下翼缘连接处加焊钢板断裂,承载力下降至峰值荷载的 85%,试验结束。KJ-2 和 KJ-3 试件的宏观现象类似,其破坏形态如图 4-17 所示。

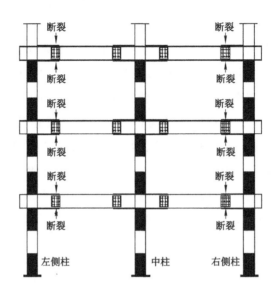

图 4-17　试件 KJ-2 和 KJ-3 破坏形态

4.3.3　主要试验结果及分析

4.3.3.1　滞回曲线和骨架曲线

图 4-18 分别给出了试件 KJ-2 和试件 KJ-3 的第三层柱顶水平荷载-位移滞回曲线,从图中可以看出:

(1)加载初期,各框架模型在柱加强环与钢梁翼缘连接处未出现损伤,正向和反向加卸载循环一周形成的滞回环所包围的面积很小,荷载和位移基本呈线性关系,滞回曲线狭长细窄,试件均处于弹性工作阶段;试件三层柱顶水平位移很小,加载时滞回曲线斜率变化小,刚度退化不明显。

(2)各框架模型屈服后,滞回曲线斜率随着水平加载位移的增加而减小,试件进入弹塑性工作阶段。同一级位移加载的 3 次循环中,后两次循环曲线的斜率和最大荷载均小于第一次循环曲线的,这表明框架的刚度在退化,而且后两次滞回环包围面积也略有减少,反映框架的耗能能力在退化。

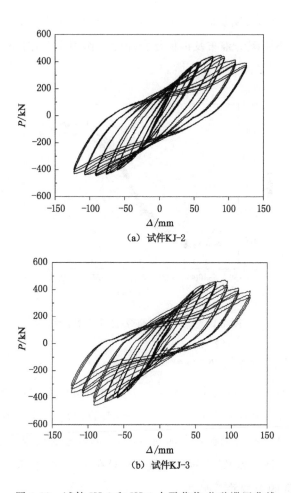

（a）试件KJ-2

（b）试件KJ-3

图 4-18　试件 KJ-2 和 KJ-3 水平荷载-位移滞回曲线

（3）水平荷载达到极限值后,随着加载位移逐级增大,荷载反而开始下降,试件进入塑性发展阶段。卸载曲线呈陡峭状,变形恢复不明显,位移滞后显著。

（4）试件 KJ-2、KJ-3 与试件 KJ-1 相比,极限位移和承载力均有一定幅度提高,滞回环所包围的面积也略有增大,可见碳纤维布和钢板复合加固后试件的塑性变形能力增强,耗能能力和抗震性能均有所提高。

图 4-19 为各试件的水平荷载-位移骨架曲线。试件屈服时的顶点位移角为 1/127～1/110,加载到峰值荷载时的顶点位移角为 1/39～1/33,极限荷载时的

顶点位移角为 1/29,表明加固后试件的延性变形能力良好。3 个试件在屈服前刚度相差不大,表明碳纤维布及钢板复合加固的作用主要在试件屈服后才发挥出来。

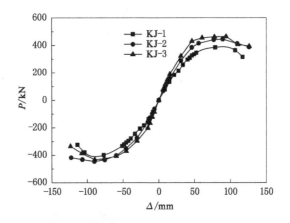

图 4-19   试件水平荷载-位移骨架曲线

4.3.3.2   加固抗震性能评价

各试件的延性系数和耗能指标见表 4-6,由表可以看出:预损试件 KJ-2 和 KJ-3 经碳纤维布及钢板复合加固后,其延性系数均高于没有预损的对比试件 KJ-1,表明经碳纤维布及钢板复合加固后,结构的延性有所提高,最大提高幅度为 5.58%;试件 KJ-2 和 KJ-3 的延性系数差异在 1.57%内,表明预损程度对加固结构延性系数的影响并不明显。

表 4-6   延性系数及耗能指标

试件编号	Δ_y/mm	Δ_u/mm	μ	h_e
KJ-1	24.46	105.23	4.30	0.13
KJ-2	27.59	125.14	4.54	0.16
KJ-3	28.23	126.27	4.47	0.15

各试件的等效黏滞阻尼系数 h_e 在 0.13～0.16 范围内,预损试件 KJ-2 和

KJ-3 经碳纤维布及钢板复合加固后,其等效黏滞阻尼系数 h_e 均高于没有预损的试件 KJ-1,这表明经碳纤维布及钢板复合加固后,结构的耗能能力也有所提高,最大提高幅度为 23.08%。

表 4-7 为各试件的主要试验结果对比,由表可以看出:加固后试件极限承载力得到了提高,最大提高值为 20.30%,极限位移也得到了提高,最大提高值为 18.93%,说明采用碳纤维布及钢板复合加固钢管混凝土框架结构有着良好的效果;对比加固试件 KJ-2 和 KJ-3 的极限承载力和极限位移可知,预损对于极限承载力和极限位移来说其影响并不显著。

表 4-7　主要试验结果对比

试件编号	加载方向	P_{max}/kN	P_{max}提高值/%	Δ_{max}	Δ_{max}提高值/%
KJ-1	正	385.77	—	79.14	—
	反	−398.62	—	−77.34	—
KJ-2	正	445.23	15.41	89.47	13.05
	反	−445.48	11.76	−90.20	16.63
KJ-3	正	464.07	20.30	94.12	18.93
	反	−433.04	8.63	−89.68	15.96

4.3.3.3　承载力退化和刚度退化

图 4-20 为各试件的承载力退化曲线,由图可以看出,各试件的承载力总体呈退化趋势,这主要是因为试件的损伤积累,各试件的破坏形态主要表现在柱加强环与钢梁翼缘连接处的损伤。加固后试件的承载力在承载力退化的过程中有起伏的现象,表现出延性破坏特征。

试件刚度退化曲线见图 4-21,由图可以看出,各试件刚度都出现了一定程度的退化,试件 KJ-1 刚度下降比采用碳纤维布及焊接钢板复合加固后的试件 KJ-2 和 KJ-3 快,说明碳纤维布及焊接钢板复合加固延缓了结构刚度的衰减。

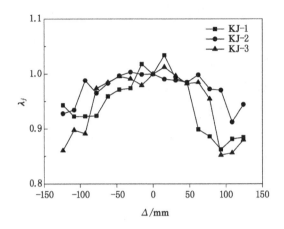

图 4-20　承载力退化曲线

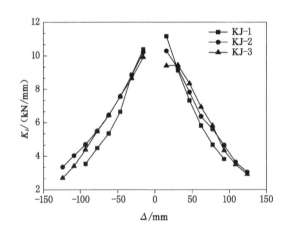

图 4-21　刚度退化曲线

4.4　本章小结

本章分别采用碳纤维布加固和碳纤维布及焊接钢板复合加固两种方式对钢管混凝土框架结构模型进行加固前和加固后的低周反复荷载试验研究,得到模型的荷载-位移滞回曲线和骨架曲线,分析了框架结构模型的破坏机理、位移延性、强度退化、刚度退化及耗能能力,得出的主要结论如下。

4.4.1　碳纤维布加固

（1）加固前后的试件屈服时框架的顶点位移角为 $1/127\sim1/112$,峰值荷载时的顶点位移角为 $1/29\sim1/25$,极限位移角为 $1/40\sim1/36$,顶点位移的延性系数大于 4,表明经碳纤维布加固后,钢管混凝土框架结构有着良好的延性。

（2）采用碳纤维布加固的钢管混凝土框架结构极限承载力及极限位移较加固前均有一定幅度的提高。

（3）对比同级加载位移处的刚度和强度退化、能量耗散系数,加固后的试件与加固前的试件相比大致处于相同的水平上,并保持了较好的耗能性能。

（4）对于钢管混凝土框架结构而言,从承载力、延性和耗能能力等方面来看,采用碳纤维布是一种有效的抗震加固方法。

4.4.2　碳纤维布及焊接钢板复合加固

（1）各试件屈服时的框架顶点位移角为 $1/127\sim1/110$,峰值荷载时的顶点位移角为 $1/39\sim1/33$,极限荷载时的顶点位移角为 $1/25\sim1/29$,顶点位移的延性系数大于 4,显示了经碳纤维布及焊接钢板加固后,结构有着良好的延性变形能力。

（2）采用碳纤维布及焊接钢板复合加固的钢管混凝土框架与未进行加固的框架相比,结构极限承载力有较大幅度的提高,最大提高值为 20.30%。采用碳纤维布及焊接钢板复合加固的中度预损框架与重度预损框架相比,各级加载条件下的承载力变化幅度不明显,说明损伤程度对加固后的结构性能影响不大。

（3）对比同级加载的强度退化、刚度退化和耗能指标,采用碳纤维布及焊接钢板复合加固与未加固的试件基本处于相同水平上,可见损伤程度对钢管混凝土结构框架的强度、刚度和耗能性能影响较小。

（4）从承载力、延性和耗能能力等抗震性能指标来看,采用碳纤维布及焊接钢板对钢管混凝土框架结构进行抗震加固是一种非常有效的方法。

第 5 章　钢管混凝土框架结构
加固性能数值分析

本章采用三维非线性有限元分析软件 ABAQUS 对第 4 章中的各试件模型,建立适于反复荷载作用下钢管、混凝土和和碳纤维布材料的本构关系,并分别考虑钢管和混凝土、碳纤维布和钢管的相互作用,对加固前和加固后的钢管混凝土框架结构进行了拟静力数值模拟,获得各试件的内力和变形发展全过程,通过试验结果对数值模拟分析结果进行验证,校核有限元分析计算模型。

5.1　有限元理论分析

ABAQUS 软件具有丰富的单元库和材料模型库,可以模拟金属材料、复合材料和混凝土材料等,具有良好的适用性。与其他非线性有限元分析软件相比,ABAQUS 在非线性计算功能上具有较强的优势。

在进行加固前后的钢管混凝土非线性有限元数值分析时,需要解决的建模问题有:钢材、核心混凝土和加固碳纤维布三种材料的本构关系模型;钢管、核心混凝土和加固碳纤维布的单元类型和网格划分;钢管与核心混凝土、钢管与碳纤维布的界面模型;边界条件和求解算法等。

5.1.1　材料本构关系

5.1.1.1　钢材

目前,钢管混凝土结构中常采用 Q235、Q345 和 Q390 等牌号钢材,其材料本构关系,即应力-应变关系,可以划分为五个典型阶段:弹性阶段(Oa)、弹塑性阶段(ab)、一次流塑阶段(bc)、强化阶段(cd)和二次塑流阶段(de),如图 5-1 所示。图 5-1 中细实线表示钢材的实际应力-应变关系曲线,粗实线表示简化的应力-应变关系曲线。其中 f_p 表示钢材的比例极限,f_y 表示屈服极限,f_u 表示抗拉强度极限;$\varepsilon_e=0.8f_y/E_s$,$\varepsilon_{e1}=1.5\varepsilon_e$,$\varepsilon_{e2}=10\varepsilon_{e1}$,$\varepsilon_{e3}=100\varepsilon_{e1}$,$\sigma_i$ 和 ε_i 分别表示钢材在三向应力状态下的应力和应变,即:

$$\sigma_i = \frac{\sqrt{2}}{2}\sqrt{(\sigma_1-\sigma_2)^2+(\sigma_2-\sigma_3)^2+(\sigma_3-\sigma_1)^2} \tag{5-1}$$

$$\varepsilon_i = \frac{\sqrt{2}}{3}\sqrt{(\varepsilon_1-\varepsilon_2)^2+(\varepsilon_2-\varepsilon_3)^2+(\varepsilon_3-\varepsilon_1)^2} \tag{5-2}$$

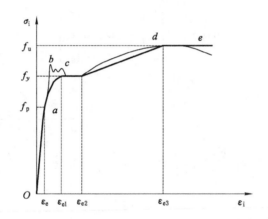

图 5-1　钢材应力-应变关系曲线图

对于图 5-1 所示钢材应力-应变曲线,其各阶段的数学表达式如下。

(1) 弹性阶段(Oa 段)$[\sigma_i \leqslant f_p]$

钢材的应力-应变关系可以采用增量的形式表示。在这个阶段,钢材的应力-应变关系为线性,其应力-应变关系数学表达增量形式为:

$$\mathrm{d}\{\sigma\} = \mathrm{d}\begin{Bmatrix} \sigma_1 \\ \sigma_2 \\ \sigma_3 \end{Bmatrix} = [D]_e \mathrm{d}\begin{Bmatrix} \varepsilon_1 \\ \varepsilon_2 \\ \varepsilon_3 \end{Bmatrix} \tag{5-3}$$

式中:

$$[D]_e = \frac{E_s(1-\mu_s)}{(1+\mu_s)(1-2\mu_s)} \begin{bmatrix} 1 & \dfrac{\mu_s}{1-\mu_s} & \dfrac{\mu_s}{1-\mu_s} \\ \dfrac{\mu_s}{1-\mu_s} & 1 & \dfrac{\mu_s}{1-\mu_s} \\ \dfrac{\mu_s}{1-\mu_s} & \dfrac{\mu_s}{1-\mu_s} & 1 \end{bmatrix} \tag{5-4}$$

式中:E_s 为钢材的弹性模量;μ_s 为泊松比。

(2) 弹塑性阶段(ab 段)$[f_p < \sigma_i \leqslant f_y]$

在此阶段,其应力-应变关系数学表达增量形式为:

$$d\{\sigma\} = d\begin{Bmatrix} \sigma_1 \\ \sigma_2 \\ \sigma_3 \end{Bmatrix} = [D]_{ee} d\begin{Bmatrix} \varepsilon_1 \\ \varepsilon_2 \\ \varepsilon_3 \end{Bmatrix} \tag{5-5}$$

式中:

$$[D]_{ee} = \frac{E_{st}(1-\mu_{st})}{(1+\mu_{st})(1-2\mu_{st})} \begin{bmatrix} 1 & \dfrac{\mu_{st}}{1-\mu_{st}} & \dfrac{\mu_{st}}{1-\mu_{st}} \\ \dfrac{\mu_{st}}{1-\mu_{st}} & 1 & \dfrac{\mu_{st}}{1-\mu_{st}} \\ \dfrac{\mu_{st}}{1-\mu_{st}} & \dfrac{\mu_{st}}{1-\mu_{st}} & 1 \end{bmatrix} \tag{5-6}$$

随着应力的增大,钢材在此阶段的切线模量 E_{st} 从弹性阶段的 E_s 减小到屈服阶段的 0。E_{st} 的计算方法可以采用 F. Bleich 提出的公式:

$$E_{st} = \frac{(f_y - \sigma_i)\sigma_i}{(f_y - f_p)f_p} E_s \tag{5-7}$$

本阶段的泊松比 μ_{st} 按下式计算:

$$\mu_{st} = 0.167(\sigma_i - f_p)/(f_y - f_p) + 0.283 \tag{5-8}$$

(3) 一次流塑阶段(bc 段)、强化阶段(cd 段)和二次塑流阶段(de 段)$[\sigma_i \geqslant f_y]$

同样,在这个阶段,钢材应力-应变关系可用增量形式表示为:

$$d\{\sigma\} = [D]_{ep} d\{\varepsilon\} \tag{5-9}$$

式中:

$$[D]_{ep} = \frac{E_s}{(1+\mu_s)} \begin{bmatrix} \dfrac{1-\mu_s}{1-2\mu_s} - \omega S_1^2 & \dfrac{\mu_s}{1-2\mu_s} - \omega S_1 S_2 & \dfrac{\mu_s}{1-2\mu_s} - \omega S_1 S_3 \\[3mm] \dfrac{\mu_s}{1-2\mu_s} - \omega S_1 S_2 & \dfrac{1-\mu_s}{1-2\mu_s} - \omega S_2^2 & \dfrac{\mu_s}{1-2\mu_s} - \omega S_2 S_3 \\[3mm] \dfrac{\mu_s}{1-2\mu_s} - \omega S_1 S_3 & \dfrac{\mu_s}{1-2\mu_s} - \omega S_2 S_3 & \dfrac{1-\mu_s}{1-2\mu_s} - \omega S_3^2 \end{bmatrix}$$

$$(5\text{-}10)$$

其中，S_1、S_2 和 S_3 为应力偏量，且：

$$\omega = \frac{9G}{2\sigma_i^2(H'+3G)} \tag{5-11}$$

$$G = \frac{E_s}{2(1+\mu_s)} \tag{5-12}$$

系数 H' 和应力强度 σ_i 在不同阶段的取值如下：

① 一次塑流阶段(bc 段)：

$$\begin{cases} H' = 0 \\ \sigma_i = f_y \end{cases} \tag{5-13}$$

② 强化阶段(cd 段)：

$$\begin{cases} H' = E_1/(1 - E_1/E_s) \\ \sigma_i = f_y + E_1(\varepsilon_i - \varepsilon_{e2}) \end{cases} \tag{5-14}$$

式中：

$$E_1 = (f_u - f_y)/(\varepsilon_{e3} - \varepsilon_{e2}) \tag{5-15}$$

③ 二次塑流阶段(de 段)：

$$\begin{cases} H' = 0 \\ \sigma_i = f_u \end{cases} \tag{5-16}$$

　　如上所述，钢材在多轴应力状态下的弹塑性增量理论需要满足屈服准则、流动法则和硬化法则的条件，而在 ABAQUS 软件中就有基于经典金属塑性理论的弹塑性材料模型，钢材在多轴应力状态下满足 Von Mises 屈服准则，在单调荷载作用下，采用等向强化法则，在反复荷载作用时采用随动强化法则。ABAQUS 软件中的弹塑性金属材料采用相关流动法则，因此，本书的钢材也采用相关流动法则。

对于结构的损伤可以理解为构件在循环荷载作用下的强度和刚度的衰减，体现在材料上，即为强度和弹性模量的衰减。各个加固模型均经过了一次地震预损模拟，钢材力学参数的折减方法如下所示。

(1) 试件 KJ-1A 的钢材力学参数折减

① 方钢管：

初始弹性模量：$E_s^D = E_s^0(1-D_c) = 1.86 \times 10^5 \times (1-0.419) \approx 1.08 \times 10^5 (\text{MPa})$

屈服强度：$f_y^D = f_y^0(1-D_c) = 294.64 \times (1-0.419) \approx 171.19(\text{MPa})$

极限强度：$f_u^D = f_u^0(1-D_c) = 363.47 \times (1-0.419) \approx 211.18(\text{MPa})$

② 钢梁：

初始弹性模量：$E_s^D = E_s^0(1-D_c) = 1.86 \times 10^5 \times (1-0.225) \approx 1.44 \times 10^5 (\text{MPa})$

屈服强度：$f_y^D = f_y^0(1-D_c) = 293.76 \times (1-0.225) \approx 227.66(\text{MPa})$

极限强度：$f_u^D = f_u^0(1-D_c) = 362.56 \times (1-0.225) \approx 280.98(\text{MPa})$

③ 加强环：

初始弹性模量：$E_s^D = E_s^0(1-D_c) = 2.01 \times 10^5 \times (1-0.225) \approx 1.56 \times 10^5 (\text{MPa})$

屈服强度：$f_y^D = f_y^0(1-D_c) = 357.4 \times (1-0.225) \approx 276.99(\text{MPa})$

极限强度：$f_u^D = f_u^0(1-D_c) = 437.2 \times (1-0.225) = 338.83(\text{MPa})$

(2) 试件 KJ-2 的钢材力学参数折减

① 方钢管：

初始弹性模量：$E_s^D = E_s^0(1-D_c) = 1.86 \times 10^5 \times (1-0.358) \approx 1.19 \times 10^5 (\text{MPa})$

屈服强度：$f_y^D = f_y^0(1-D_c) = 294.64 \times (1-0.358) \approx 189.16(\text{MPa})$

极限强度：$f_u^D = f_u^0(1-D_c) = 363.47 \times (1-0.358) \approx 233.35(\text{MPa})$

② 钢梁：

初始弹性模量：$E_s^D = E_s^0(1-D_c) = 1.86 \times 10^5 \times (1-0.193) \approx 1.50 \times 10^5 (\text{MPa})$

屈服强度：$f_y^D = f_y^0(1-D_c) = 293.76 \times (1-0.193) \approx 237.06(\text{MPa})$

极限强度：$f_u^D = f_u^0(1-D_c) = 362.56 \times (1-0.193) \approx 292.59(\text{MPa})$

③ 加强环：

初始弹性模量：$E_s^D = E_s^0(1-D_c) = 2.01 \times 10^5 \times (1-0.193) \approx 1.62 \times 10^5 (\text{MPa})$

屈服强度：$f_y^D = f_y^0(1-D_c) = 357.4 \times (1-0.193) \approx 288.42(\text{MPa})$

极限强度：$f_u^D = f_u^0(1-D_c) = 437.2 \times (1-0.193) \approx 352.82(\text{MPa})$

（3）试件 KJ-3 的钢材力学参数折减

① 方钢管：

初始弹性模量：$E_s^D = E_s^0(1-D_c) = 1.86 \times 10^5 \times (1-0.264) \approx 1.37 \times 10^5(\text{MPa})$

屈服强度：$f_y^D = f_y^0(1-D_c) = 294.64 \times (1-0.264) \approx 216.86(\text{MPa})$

极限强度：$f_u^D = f_u^0(1-D_c) = 363.47 \times (1-0.264) \approx 267.51(\text{MPa})$

② 钢梁：

初始弹性模量：$E_s^D = E_s^0(1-D_c) = 1.86 \times 10^5 \times (1-0.147) \approx 1.59 \times 10^5(\text{MPa})$

屈服强度：$f_y^D = f_y^0(1-D_c) = 293.76 \times (1-0.147) \approx 250.58(\text{MPa})$

极限强度：$f_u^D = f_u^0(1-D_c) = 362.56 \times (1-0.147) \approx 309.26(\text{MPa})$

③ 加强环：

初始弹性模量：$E_s^D = E_s^0(1-D_c) = 2.01 \times 10^5 \times (1-0.147) \approx 1.71 \times 10^5(\text{MPa})$

屈服强度：$f_y^D = f_y^0(1-D_c) = 357.4 \times (1-0.147) \approx 304.86(\text{MPa})$

极限强度：$f_u^D = f_u^0(1-D_c) = 437.2 \times (1-0.147) \approx 372.93(\text{MPa})$

5.1.1.2　混凝土的本构关系模型

混凝土是目前土木工程中使用较广泛的建筑材料之一,它的特点主要是材料组成不均匀,同时存在天然的微裂缝。混凝土破坏机理是:微裂缝发展、运行,从而构成宏观裂缝,宏观裂缝进一步发展、开裂,最后导致结构中混凝土的破坏[8]。混凝土的破坏机理决定了其工作性能的复杂性。

钢管混凝土结构中,钢管对核心混凝土具有约束作用,限制了核心混凝土被压碎,而核心混凝土也能有效防止钢管向内发生屈曲,钢管和混凝土之间存在着相互作用,而这种相互作用使核心混凝土的工作性能进一步复杂化。

目前,混凝土材料的本构关系模型有很多种[141-148],概括起来主要有线弹性匀质本构模型[149-151]、非线性弹性本构模型[149,151-152]、以经典塑性理论为基础的弹全塑性和弹塑性硬化本构模型[149]、塑性断裂理论[153-156]、内时理论[157-158]、连续损伤理论[147,156]。

通过对国内外钢管混凝土轴压构件的试验现象分析发现,钢管混凝土轴心受压时核心混凝土的受力特点是：钢管对核心混凝土的侧向压力作用是被动的，侧向压力随着轴心压力的增大而增大。在钢管混凝土构件受压初期，钢管和混凝土基本上是按刚度比例承受外荷载。这时，如果忽略钢管和混凝土之间的黏结作用，钢管对核心混凝土基本上没有约束作用，核心混凝土处于单向受压的状态。而随着荷载的增大，核心混凝土的应力也不断增加，其横向变形系数将不断增大，当其增大到超过钢材的横向变形系数时，则由于变形协调而在钢管和核心混凝土之间产生相互作用，这种相互作用力随外荷载的大小而发生相应的变化，这时核心混凝土由开始时的单向受压发展成三向受压。如果钢管可对核心混凝土提供足够的约束力，随着变形的增加，混凝土的应力-应变关系曲线不会出现下降段；反之，如果钢管不能对其核心混凝土提供足够的约束力，则混凝土的应力-应变关系将出现下降段，且下降段的下降趋势随约束作用的减弱而逐渐增强。

综上所述，钢管混凝土轴心受压时核心混凝土的应力-应变关系与核心混凝土受到钢管约束作用的大小有关。钢管混凝土核心混凝土等效单轴本构关系曲线如图 5-2 所示。

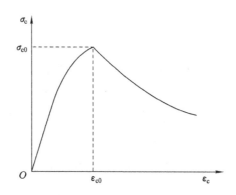

图 5-2　钢管混凝土核心混凝土等效单轴本构关系曲线

韩林海[159]通过对国内外钢管混凝土轴压短试件试验结果的整理和分析，发现钢管混凝土构件中核心混凝土的应力-应变关系曲线的特征主要与约束效应系数 $\xi = f_y A_s / f_c A_c$ 有关，主要表现在：若 ξ 值较大，钢管在受力过程中对核心混凝土的约束作用也较大,而且随着变形的持续加大,混凝土应力-应变关系曲线下降段会出现得比较晚,甚至可能不出现下降段;反之,若 ξ 值较小,核心混凝土受到钢管的约束作用就比较弱,混凝土应力-应变关系曲线的下降段出现得比较早,且下降趋势随 ξ 值的减小而变得更陡峭。刘威[160]通过大量的试验研究和分析,提出一种适用于钢管混凝土的应力-应变关系模型,如下所示:

$$y = \begin{cases} 2x - x^2 & (x \leqslant 1) \\ \dfrac{x}{\beta(x-1)^{\eta} + x} & (x > 1) \end{cases} \tag{5-17a}$$

式中:

$$x = \varepsilon_c / \varepsilon_{c0}, y = \sigma_c / \sigma_{c0} \tag{5-17b}$$

$$\sigma_{c0} = \left[1 + (-0.013\ 5\xi^2 + 0.1\xi) \left(\frac{24}{f_c} \right)^{0.45} \right] f_c \tag{5-17c}$$

$$\varepsilon_{c0} = \varepsilon_{cc} + \left[1\ 330 + 760 \left(\frac{f_c}{24} - 1 \right) \right] \xi^{0.2} \tag{5-17d}$$

$$\varepsilon_{cc} = 1\ 300 + 12.5 f_c \tag{5-17e}$$

$$\eta = 1.6 + 1.5/x \tag{5-17f}$$

$$\beta = \begin{cases} \dfrac{1}{1.35\sqrt{1+\xi}} f_c^{0.1} & (\xi \leqslant 3) \\ \dfrac{1}{1.35\sqrt{1+\xi}(\xi-2)} f_c^{0.1} & (\xi > 3) \end{cases} \tag{5-17g}$$

约束效应系数的概念可以帮助设计人员从概念上理解钢管混凝土的工作机理和力学实质,进而进行合理设计。

在有限元软件 ABAQUS 的 Standard 模块中,携带有塑性损伤模型和混凝土弹塑性断裂模型,来模拟混凝土的弹塑性和材料非线性特性。本书对钢管混凝土力学性能进行模拟时,采用有限元软件 ABAQUS 中的 Standard 模块进行分析时选择了模型库中的塑性损伤模型对核心混凝土的非线性特性进行模拟。

混凝土塑性损伤模型适用于对钢筋混凝土结构在循环荷载和动力荷载作用下的力学性能进行分析。该模型也适合对准脆性材料性能进行分析,比如岩石、砂浆和陶瓷等。对于混凝土来说,在低围压下,其性能表现为脆性,破坏机制主要表现为拉裂和压碎。而当围压高到能阻止裂纹开裂时,混凝土所表现的脆性性能就会消失，从宏观表现上看，混凝土也就表现为类似于硬化的延性材料，其损坏表现为在破坏面或屈服面上屈服和流动。混凝土塑性损伤模型不适用于模拟高静水压下混凝土的行为。该本构模型主要考虑混凝土和其他准脆性材料在低于 4～5 倍单轴极限抗压应力这样相对低的围压下与破坏机制相关的不可逆损伤的影响。这些影响在宏观上主要表现如下[161]：

（1）拉压强度不同，初始抗压强度为初始拉伸屈服强度的 10 倍甚至更多倍。

（2）拉伸时，材料表现软化行为；压缩时，材料初始硬化后出现软化行为。

（3）受拉和受压时弹性刚度退化程度不同。

（4）在反复荷载作用下刚度恢复。

（5）含钢率敏感性随着应变率峰值强度的增加而增大。

有限元软件 ABAQUS 中的塑性损伤模型是在 Lubliner、Lee 等[162-163] 提出的模型的基础上建立的。混凝土塑性损伤本构模型的主要特点和该模型主要参数为：

（1）应变率分解

首先，模型把应变率分解为：

$$\dot{\varepsilon} = \dot{\varepsilon}^{\mathrm{el}} + \dot{\varepsilon}^{\mathrm{pl}} \tag{5-18}$$

式中：$\dot{\varepsilon}$ 为总应变率；$\dot{\varepsilon}^{\mathrm{el}}$ 为弹性应变率；$\dot{\varepsilon}^{\mathrm{pl}}$ 为塑性应变率。

（2）应力-应变关系

模型的应力-应变关系通过引用弹性损伤系数确定：

$$\sigma = \frac{(1-d)D_0^{\mathrm{el}}}{\varepsilon - \varepsilon^{\mathrm{pl}}} = \frac{D^{\mathrm{el}}}{\varepsilon - \varepsilon^{\mathrm{pl}}} \tag{5-19}$$

式中：D_0^{el} 为材料初始弹性刚度（无损伤刚度）；$D^{\mathrm{el}} = (1-d)D_0^{\mathrm{el}}$ 为损伤弹性刚度；参数 d 为刚度损伤变量，大小从 0（无损伤材料）至 1（完全损伤材料）。

弹性刚度的减小是混凝土的破坏机制（开裂和压碎）导致的。根据损伤理论，刚度的退化是各向同性的，采用单一退化变量来表示。根据连续损伤力学理论，有效应力可以定义为：

$$\bar{\sigma} = \frac{D_0^{\mathrm{el}}}{\varepsilon - \varepsilon^{\mathrm{pl}}} \tag{5-20}$$

柯西应力与有效应力和损伤变量的关系为：

$$\sigma = (1-d)\bar{\sigma} \tag{5-21}$$

对于任意已知截面面积的材料，因子 $(1-d)$ 表示有效承载面积（总面积减去损伤面积）与总截面面积之比。当无损伤时，变量 $d=0$，有效应力 $\bar{\sigma}$ 等于柯西应力 σ。但是，当材料发生损伤时，有效应力比柯西应力更有意义，因为这时是有效面积抵抗外部荷载，因此，就很方便地用有效应力来描述塑性问题。这时，损伤变量就可以用硬化变量 $\bar{\varepsilon}^{pl}$ 和有效应力来表示为：

$$d = d(\bar{\sigma}, \bar{\varepsilon}^{pl}) \tag{5-22}$$

（3）硬化变量

在拉伸和压缩状态下的损伤情况可以分别用两个硬化变量 $\bar{\varepsilon}_t^{pl}$ 和 $\bar{\varepsilon}_c^{pl}$ 来表示，变量 $\bar{\varepsilon}_t^{pl}$ 和 $\bar{\varepsilon}_c^{pl}$ 分别为拉伸和压缩塑性应变，硬化变量可以用下式表示：

$$\bar{\varepsilon}^{pl} = \begin{bmatrix} \bar{\varepsilon}_t^{pl} \\ \bar{\varepsilon}_c^{pl} \end{bmatrix} \tag{5-23}$$

$$\dot{\bar{\varepsilon}}^{pl} = h(\bar{\sigma}, \bar{\varepsilon}^{pl}) \dot{\varepsilon}^{pl}$$

硬化变量数值的增加表示混凝土微裂缝和压碎的增加，这些变量控制着屈服面的演化和刚度的退化，也与耗能所要求产生的微裂缝密切相关。

（4）屈服函数

屈服函数 $F(\bar{\sigma}, \bar{\varepsilon}^{pl})$ 表示有效应力空间中的曲面，决定着破坏或损伤的状态，对于黏塑性损伤模型：

$$F(\bar{\sigma}, \bar{\varepsilon}^{pl}) \leqslant 0 \tag{5-24}$$

（5）流动准则

根据流动准则，采用下式表示：

$$\dot{\varepsilon}^{pl} = \dot{\lambda} \frac{\partial G(\bar{\sigma})}{\partial \bar{\sigma}} \tag{5-25}$$

式中：$\dot{\lambda}$ 为非负塑性因子；G 为有效应力空间塑性势。

（6）损伤和刚度退化

首先，在单轴荷载下，可以很方便地表示硬化变量 $\bar{\varepsilon}_t^{pl}$ 和 $\bar{\varepsilon}_c^{pl}$，然后再延伸到多轴状态。

① 单轴荷载情况

单轴应力-应变曲线可以转变为应力与塑性应变曲线形式：

$$\sigma_t = \sigma_t(\overline{\varepsilon}_t^{pl}, \dot{\overline{\varepsilon}}_t^{pl}, \theta, f_i)$$

$$\sigma_c = \sigma_c(\overline{\varepsilon}_c^{pl}, \dot{\overline{\varepsilon}}_c^{pl}, \theta, f_i)$$

(5-26)

式中：下标 t 和 c 分别是指受拉和受压；$\dot{\overline{\varepsilon}}_t^{pl}$ 和 $\dot{\overline{\varepsilon}}_c^{pl}$ 是塑性应变率，$\overline{\varepsilon}_t^{pl} = \int_0^t \dot{\overline{\varepsilon}}_t^{pl} dt, \overline{\varepsilon}_c^{pl} = \int_0^t \dot{\overline{\varepsilon}}_c^{pl} dt$ 是塑性应变；θ 为温度；$f_i(i = 1, 2, \cdots)$ 为其他影响变量。

单轴荷载情况下，有效塑性应变率为：

$$\begin{cases} \dot{\overline{\varepsilon}}_t^{pl} = \dot{\varepsilon}_{11}^{pl}, \text{单轴受拉情况} \\ \dot{\overline{\varepsilon}}_c^{pl} = -\dot{\varepsilon}_{11}^{pl}, \text{单轴受压情况} \end{cases}$$

(5-27)

如图 5-3 所示，当混凝土试块从应力-应变关系曲线上应变软化段任意一点卸载时，可以发现卸载响应变弱，表现为材料的弹性刚度出现损伤（退化）。对于拉伸和压缩试验中，材料弹性刚度退化明显不同，在某些情况下，这种影响会随着塑性应变的增加而更明显。混凝土的刚度退化响应用两个损伤变量 d_t 和 d_c 来衡量，它们是塑性应变、温度和场变量的函数：

$$d_t = d_t(\overline{\varepsilon}_t^{pl}, \theta, f_i), (0 \leqslant d_t \leqslant 1)$$

(5-28)

$$d_c = d_c(\overline{\varepsilon}_c^{pl}, \theta, f_i), (0 \leqslant d_c \leqslant 1)$$

(5-29)

如图 5-3 所示，设材料的初始弹性模量为 E_0，则在单轴拉伸和压缩荷载作用下的应力-应变关系分别为：

$$\sigma_t = (1 - d_t)E_0(\varepsilon_t - \overline{\varepsilon}_t^{pl})$$

(5-30)

$$\sigma_c = (1 - d_c)E_0(\varepsilon_c - \overline{\varepsilon}_c^{pl})$$

(5-31)

在单轴拉伸荷载作用下，裂缝沿垂直于应力的方向扩展，因此裂缝的出现和传播导致承载面积减小，从而导致有效应力的增加。在单轴压缩荷载作用下，由于裂缝沿着加载方向开裂，损伤效应没有拉伸荷载作用下显著，但当受压程度相当高时，有效承载面积也大大减小。单轴有效拉应力和压应力定义为：

$$\overline{\sigma}_t = \frac{\sigma_t}{(1 - d_t)} = E_0(\varepsilon_t - \overline{\varepsilon}_t^{pl})$$

(5-32)

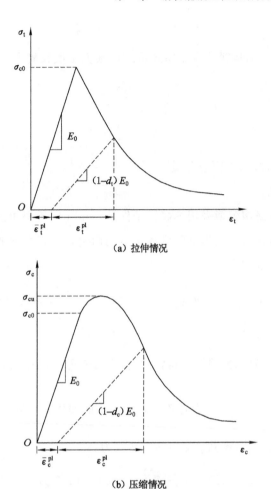

（a）拉伸情况

（b）压缩情况

图 5-3　单轴拉伸和压缩荷载下混凝土的响应

$$\bar{\sigma}_c = \frac{\sigma_c}{(1 - d_c)} = E_0 (\varepsilon_c - \bar{\varepsilon}_c^{\mathrm{pl}}) \tag{5-33}$$

单轴有效应力决定了屈服面和破坏面的尺寸。

② 多轴荷载情况

硬化变量的演化方程必须扩展到一般的多轴荷载条件。在 Lee 等[163] 提出的模型的基础上,假定等效塑性应变率由下式表示:

$$\dot{\bar{\varepsilon}}_t^{\mathrm{pl}} = \hat{\dot{\bar{\varepsilon}}}_{\max}^{\mathrm{pl}} \tag{5-34}$$

$$\dot{\bar{\varepsilon}}_c^{pl} = -[1 - r(\hat{\bar{\sigma}})]\dot{\hat{\bar{\varepsilon}}}_{min}^{pl} \tag{5-35}$$

式中，$\dot{\hat{\bar{\varepsilon}}}_{max}^{pl}$ 和 $\dot{\hat{\bar{\varepsilon}}}_{min}^{pl}$ 分别是塑性应变率张量 $\dot{\hat{\bar{\varepsilon}}}^{pl}$ 的最大主值和最小主值。

$$r(\hat{\bar{\sigma}}) = \frac{\sum\limits_{i=1}^{3}\langle\hat{\bar{\sigma}}_i\rangle}{\sum\limits_{i=1}^{3}|\hat{\bar{\sigma}}_i|} \tag{5-36}$$

式中：$\hat{\bar{\sigma}}_i(i=1,2,3)$ 为主应力分量。

③ 屈服条件

混凝土塑性损伤模型采用的屈服条件是 Lubliner 等提出的，并由 Lee 等考虑混凝土在拉伸和压缩条件下强度演化不同而进行修正的屈服方程，采用有效应力表示的屈服函数为：

$$F(\bar{\sigma}, \bar{\varepsilon}^{pl}) = \frac{1}{1-\alpha}[\bar{q} - 3\alpha\bar{p} + \beta(\bar{\varepsilon}^{pl})(\hat{\bar{\sigma}}_{max}) - \gamma(-\hat{\bar{\sigma}}_{max})] - \bar{\sigma}_c(\bar{\varepsilon}_c^{pl}) \leqslant 0 \tag{5-37}$$

式中：系数 α 和 γ 为无量纲的材料常数；$\bar{p}$ 为有效静水压应力，$\bar{p} = -\dfrac{\bar{\sigma}}{3I}$；$\bar{q}$ 为等效 Mises 应力，$\bar{q} = \sqrt{\dfrac{3\bar{S}}{2\bar{S}}}$，$\bar{S}$ 为有效应力张量 $\bar{\sigma}$ 的偏量，$\bar{S} = \bar{p}I + \bar{\sigma}$；$\hat{\bar{\sigma}}_{max}$ 为有效应力张量 $\bar{\sigma}$ 的最大主值；函数 $\beta(\bar{\varepsilon}^{pl})$ 的表达式为：

$$\beta(\bar{\varepsilon}^{pl}) = \frac{\bar{\sigma}_c(\bar{\varepsilon}_c^{pl})}{\bar{\sigma}_t(\bar{\varepsilon}_t^{pl})}(1-\alpha) - (1+\alpha) \tag{5-38}$$

式中：$\bar{\sigma}_t$ 和 $\bar{\sigma}_c$ 分别为有效拉应力和有效压应力。

在双轴压缩下，$\hat{\bar{\sigma}} = 0$，此时式（5-38）可以简化为著名的 Drucker-Prager 屈服函数，系数 α 可以用初始等双轴抗压屈服应力 σ_{bo} 和单轴抗压屈服应力 σ_{co} 表示，具体为：

$$\alpha = \frac{\sigma_{bo} - \sigma_{co}}{2\sigma_{bo} - \sigma_{co}} \tag{5-39}$$

对于混凝土材料，比值 σ_{bo}/σ_{co} 的试验值一般为 1.10～1.16，故系数 α 一般为 0.08～0.12[162]。

对于系数 γ，只有当混凝土处于三轴受压状态时才服从屈服函数，这时，$\hat{\bar{\sigma}}_{\max}<0$。该系数可以通过对拉子午线和压子午线进行比较决定。满足条件 $\hat{\bar{\sigma}}_{\max}=\hat{\bar{\sigma}}_1>\hat{\bar{\sigma}}_2=\hat{\bar{\sigma}}_3$ 和 $\hat{\bar{\sigma}}_{\max}=\hat{\bar{\sigma}}_1=\hat{\bar{\sigma}}_2>\hat{\bar{\sigma}}_3$ 的应力状态分别定义为拉子午线（简称 TM）和压子午线（简称 CM），其中 $\hat{\bar{\sigma}}_1$、$\hat{\bar{\sigma}}_2$ 和 $\hat{\bar{\sigma}}_3$ 为有效应力张量的三个主应力，这时不难得到沿拉子午线有 $(\hat{\bar{\sigma}}_{\max})_{\mathrm{TM}}=\dfrac{2}{3}\bar{q}-\bar{p}$，沿压子午线有 $(\hat{\bar{\sigma}}_{\max})_{\mathrm{CM}}=\dfrac{1}{3}\bar{q}-\bar{p}$。

而当 $\hat{\bar{\sigma}}_{\max}<0$ 时，相应的屈服条件为：

$$\left(\frac{2}{3}\gamma+1\right)\bar{q}-(\gamma+3\alpha)\bar{p}=(1-\alpha)\bar{\sigma}_{\mathrm{c}},(\mathrm{TM}) \tag{5-40}$$

$$\left(\frac{1}{3}\gamma+1\right)\bar{q}-(\gamma+3\alpha)\bar{p}=(1-\alpha)\bar{\sigma}_{\mathrm{c}},(\mathrm{CM}) \tag{5-41}$$

当 $\hat{\bar{\sigma}}_{\max}<0$ 时，对于任意给定的静水压力 $\bar{p}$，设 $K_{\mathrm{c}}=\bar{q}_{\mathrm{TM}}/\bar{q}_{\mathrm{CM}}$，则可以得到：

$$K_{\mathrm{c}}=\frac{\gamma+3}{2\gamma+3} \tag{5-42}$$

由式（5-42）可以得到：

$$\gamma=\frac{3(1-K_{\mathrm{c}})}{2K_{\mathrm{c}}-1} \tag{5-43}$$

试验结果表明，对于混凝土材料 K_{c} 近似为一常数[162]，其值为 $2/3$，此时可知 $\gamma=3$。

如果 $\hat{\bar{\sigma}}_{\max}>0$，沿着拉子午线和压子午线的屈服条件可以简化为：

$$\left(\frac{2}{3}\beta+1\right)\bar{q}-(\beta+3\alpha)\bar{p}=(1-\alpha)\bar{\sigma}_{\mathrm{c}},(\mathrm{TM}) \tag{5-44}$$

$$\left(\frac{1}{3}\beta+1\right)\bar{q}-(\beta+3\alpha)\bar{p}=(1-\alpha)\bar{\sigma}_{\mathrm{c}},(\mathrm{CM}) \tag{5-45}$$

此时，对于任意给定的静水压力 $\bar{p}$，设系数 $K_{\mathrm{t}}=\bar{q}_{\mathrm{TM}}/\bar{q}_{\mathrm{CM}}$，则有：

$$K_{\mathrm{t}}=\frac{\beta+3}{2\beta+3} \tag{5-46}$$

图 5-4 为应力偏量平面上对应于不同 K_{c} 值的屈服面，图 5-5 为平面应力状态的屈服面。

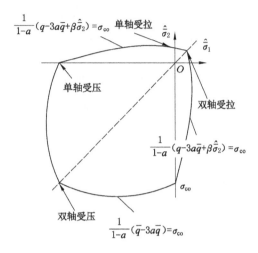

图 5-4　应力偏量平面上的屈服面

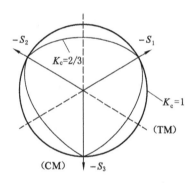

图 5-5　平面应力状态的屈服面

④ 流动法则

混凝土塑性损伤模型假定为非相关流动法则,即:

$$\dot{\varepsilon}^{pl} = \dot{\lambda}\,\frac{\partial G(\bar{\sigma})}{\partial \bar{\sigma}} \tag{5-47}$$

同时,模型塑性势能方程采用 Drucker-Prager 双曲线函数:

$$G = \sqrt{(\varepsilon \sigma_{t0} \tan \psi)^2 + \bar{q}^2} - \bar{p} \tan \psi \tag{5-48}$$

式中:ψ 是在高围压下 p-q 平面中的膨胀角;σ_{t0} 是破坏时单轴拉应力;ε 为塑性势

能方程的流动偏心参数,即势函数趋近于渐进线(当偏心参数趋近 0 时,流动势趋近于直线)的比率,其缺省值为 0.1,表明材料在很大的围压范围内,膨胀角几乎不变。

塑性流动的非相关性导致材料刚度矩阵不对称,为得到收敛的计算结果,应采用非对称矩阵的解法。

⑤ 黏塑性的修正

在隐式积分分析计算中,材料模型的软化与刚度退化常常会导致严重的收敛困难,通常的克服方法是对材料本构方程进行黏塑性修正。

ABAQUS/Standard 中的混凝土塑性损伤模型采用黏塑性修正,因此允许应力超过屈服面。程序中应用 Duvaut-Lions 修正,据此黏塑性应变速率张量 $\dot{\varepsilon}_v^{pl}$ 定义如下:

$$\dot{\varepsilon}_v^{pl} = \frac{1}{\mu}(\varepsilon^{pl} - \varepsilon_v^{pl}) \tag{5-49}$$

式中:μ 为黏性系数,表示黏塑性系统的应力释放时间;ε^{pl} 为按照无黏滞模型计算的塑性应变。

在黏塑性系统中,黏性刚度退化变量 $\dot{d}_v$ 为:

$$\dot{d}_v = \frac{1}{\mu}(d - d_v) \tag{5-50}$$

式中,d 按无黏滞模型的退化系数。

则黏塑性模型的应力-应变关系为:

$$\sigma = \frac{(1 - d_v)D_0^{el}}{\varepsilon - \varepsilon_v^{pl}} \tag{5-51}$$

应用相对于时间增量较小($t/\mu \to \infty$)的黏性系数的黏塑性修正方法,可以增加模型软化阶段的收敛速度,而不会对结果造成显著影响。

塑性损伤模型中混凝土弹性阶段的参数根据《美国混凝土结构设计规范》(ACI 318—05)确定,钢管混凝土结构核心混凝土的弹性模量 E_c 按下式计算确定:

$$E_c = 4\ 730\sqrt{f_c'} \tag{5-52}$$

式中:f_c' 为混凝土圆柱体抗压强度。

当钢管混凝土构件承受偏心荷载或压弯荷载共同作用时,部分混凝土会处于受拉状态,需要定义混凝土受拉软化性能。ABAQUS 软件中的混凝土塑性损伤模型提供了 3 种定义混凝土受拉软化性能的方法,具体为:

a. 定义混凝土的受拉应力-应变关系模型;

b. 采用混凝土开裂应力-开裂位移关系模型;

c. 采用混凝土破坏能量准则来考虑混凝土受拉软化性能,即应力-断裂能关系模型。

通过分析研究发现,采用混凝土破坏能量准则来定义混凝土受拉软化性能具有较好的收敛性[164]。因此,本书采用混凝土能量破坏准则来定义混凝土受拉软化性能。该准则基于脆性破坏概念定义开裂的单位面积作为材料参数。该模型假定混凝土开裂后应力线性减小,如图 5-6 所示。图中 G_f 和 σ_{t0} 分别为混凝土受拉时的断裂能(每单位面积混凝土内产生一条连续裂缝所需的能量值)和峰值破坏应力,其中峰值破坏应力 σ_{t0} 可按沈聚敏等[147]提出的混凝土抗拉强度的计算公式[式(5-53)]确定;一般普通混凝土的断裂能 G_f 为 70～200 N/m,但也有高达 300 N/m 左右的。根据欧洲规范 CEB-FIP MC90 的建议,混凝土断裂能 G_f 按式(5-54)计算。

$$\sigma_{t0} = 0.26 \times (1.5 f_{tk})^{2/3} \tag{5-53}$$

$$G_f = a\left(\frac{f_c}{10}\right) \times 10^{-3} \tag{5-54}$$

式中:$a = 1.25 d_{max} + 10$,d_{max} 为粗骨料的粒径。

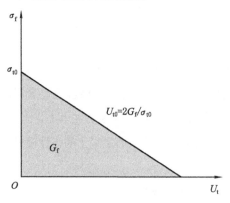

图 5-6 混凝土受拉软化模型图

（7）加固模型的材料参数折减

各个加固模型均经过了一次模拟地震预损，核心混凝土材料的折减方法和钢材相同，具体方法如下。

① 直接破坏的钢管混凝土框架试件 KJ-1A

初始弹性模量：$E_c^D = E_c^0 (1-D_c) = 3.25 \times 10^4 \times (1-0.419) \approx 1.89 \times 10^4 (\text{MPa})$

抗压强度：$f_c^D = f_c^0 (1-D_b) = 24.61 \times (1-0.419) \approx 14.30 (\text{MPa})$

② 重度预损的钢管混凝土框架试件 KJ-2

初始弹性模量：$E_c^D = E_c^0 (1-D_c) = 3.25 \times 10^4 \times (1-0.358) \approx 2.09 \times 10^4 (\text{MPa})$

抗压强度：$f_c^D = f_c^0 (1-D_b) = 24.61 \times (1-0.358) \approx 15.80 (\text{MPa})$

③ 中度预损的钢管混凝土框架试件 KJ-3

初始弹性模量：$E_c^D = E_c^0 (1-D_c) = 3.25 \times 10^4 \times (1-0.264) \approx 2.39 \times 10^4 (\text{MPa})$

抗压强度：$f_c^D = f_c^0 (1-D_b) = 24.61 \times (1-0.264) \approx 18.11 (\text{MPa})$

5.1.1.3　碳纤维布的本构关系模型

碳纤维布为各向异性材料，由于碳纤维布厚度很薄，类似于薄膜，在本书中假设碳纤维布沿柱轴向没有刚度，并忽略径向应力，只考虑其横向拉伸。

$$\sigma_{cf} = E_{cf} \varepsilon_{cf} \tag{5-55}$$

式中：σ_{cf} 为横向碳纤维布的应力；ε_{cf} 为横向碳纤维布的应变。

根据碳纤维布的材料性质和研究成果，材料的拉伸变形基本符合线弹性变形，破坏前没有明显的塑性变形。因此，在有限元分析中碳纤维布的应力-应变关系模型采用理想线弹性模型，如图 5-7 所示。

5.1.2　单元类型及网格划分

5.1.2.1　单元类型

在 ABAQUS 有限元分析软件中，钢管及钢梁均采用四节点完全积分格式的壳单元 S4，为了满足结构的计算精度要求，在壳单元厚度方向采用九个积分点的 Simpson 积分。单元 S4 是一种通用的壳单元，允许考虑沿厚度方向的剪切变形，且随着壳厚度的变化 ABAQUS 软件会自动适应厚壳理论或薄壳理论

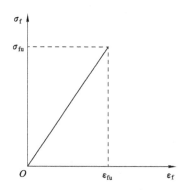

图 5-7　碳纤维布应力-应变模型

求解,当壳厚度很小时其剪切变形也变得很小,从而采用薄壳理论。此外,单元 S4 考虑了有限薄膜应变和大转动,属于有限应变壳单元,因此它适于包含大应变的分析。

核心混凝土单元采用了八节点减缩积分的实体单元 C3D8R。经过计算比较,该单元在满足网格精度要求的前提下,线性单元与非线性二次单元对本书框架结构力学性能分析的差别不明显,故采用线性单元以减少计算成本。

碳纤维布为正交各向异性材料,只沿纤维方向承受拉力,不考虑纤维布平面外的弯曲刚度,采用四节点缩减积分膜单元 M3D4R 对其进行模拟。

单元模型如图 5-8 所示。

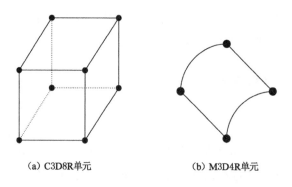

(a) C3D8R单元　　　　　　　　(b) M3D4R单元

图 5-8　单元类型

5.1.2.2　网格划分

有限元方法对结构进行分析时,首先需要对所要分析研究的结构进行离散化。所谓离散化就是用有限多个单元在有限多个节点上相互连接,形成离散结构物,把对原连续弹塑性体的分析变为对离散结构的分析。采用有限元分析时,单元网格划分密度对有限元计算精度非常重要,如果网格划分得过于粗糙,计算结果精度降低甚至可能导致严重的错误。反之,如果网格划分得过密,将耗费过多的计算时间,同时也对计算机的内存提出一定的要求,浪费计算机资源。因此在进行单元网格划分时应结合网格试验确定合理的网格密度。

进行网格试验一般有两种方法:① 采用高阶单元;② 细化网格。本书在单元选择时采用的是线性单元,故网格试验采用第二种方法来进行网格收敛性和计算结果精度分析。具体做法为:首先执行一个较为合理的网格划分的初始分析,为保证计算精度,网格三向尺寸不应相差过大;再利用两倍的网格方案重新分析并比较两者的结果,如果两者结果的差别小于 1%,则网格密度是足够的,否则应继续细化网格直至划分得到近似相等的计算结果。本书采用映射网格划分,即模型截面的网格划分在长度方向是相同的。

5.1.3　数值模型建立

5.1.3.1　碳纤维布加固

根据上述的有限元建模方法,对第 4 章中的试件 KJ-1 和试件 KJ-1A 分别建立相应的非线性三维有限元分析模型。有限元分析模型的几何尺寸和材料力学性能参数都来自试验过程中测试的数值。图 5-9 和图 5-10 分别为试件 KJ-1 和试件 KJ-1A 有限元模型网格划分示意图。图 5-11 为试件 KJ-1A 整体模型和试件 KJ-1A 各加固部位有限元网格划分示意图。

5.1.3.2　碳纤维布及钢板加固

根据第 4 章采用碳纤维布及钢板复合加固后的钢管混凝土框架结构试件 KJ-2 和试件 KJ-3,建立对应的非线性三维有限元模型,图 5-12 和图 5-13 分别为试件 KJ-2 和试件 KJ-3 有限元分析模型网格划分示意图及加固部位有限元

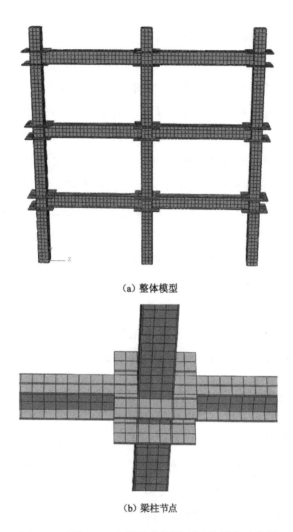

(a) 整体模型

(b) 梁柱节点

图 5-9　试件 KJ-1 有限元分析模型网格划分示意图

网格划分示意图。

5.1.4　界面模型及接触处理

界面的处理是准确模拟组合结构力学性能的关键。对于本书研究的加固前和震损加固后钢管混凝土框架结构试件模型，主要有钢管与核心混凝土、钢

图 5-10　试件 KJ-1A 有限元分析模型网格划分示意图

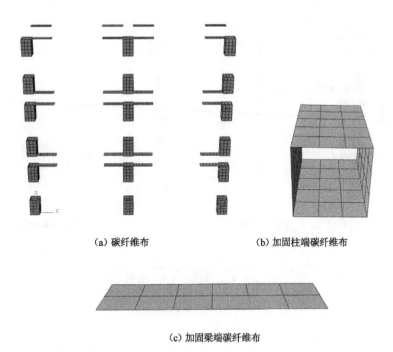

（a）碳纤维布　　　　　　　（b）加固柱端碳纤维布

（c）加固梁端碳纤维布

图 5-11　试件 KJ-1A 加固部位有限元网格划分示意图

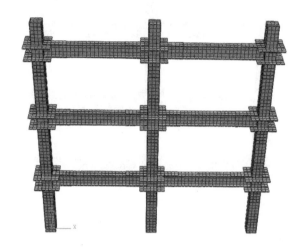

图 5-12　试件 KJ-2、KJ-3 有限元分析模型网格划分示意图

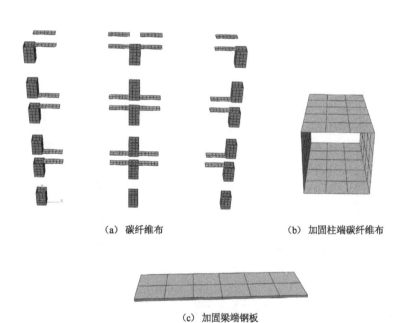

（a）碳纤维布　　　　　　　　　　　（b）加固柱端碳纤维布

（c）加固梁端钢板

图 5-13　试件 KJ-2 和 KJ-3 加固部位有限元网格划分示意图

管与碳纤维布等界面需要正确地进行建模处理。

接触形式可分为运动学形式和罚函数形式两种[161,165]。运动学接触（硬接触）迫使接触体完全地接触，因此不存在过封闭的情况。罚函数接触（软接触）是和运动学接触相对的，它提供了接触体之间的局部弹性响应。另外，还可以把压力和间隙的关系定义成指数关系或表格方式，以此来模拟特殊的预期局部接触行为，也可以指定黏性接触阻尼。相互接触表面的定义在每一步都可以改变，直至分析重新开始。本书试验模型中的钢管与混凝土界面法线方向的接触采用硬接触，接触单元传递界面压力为 p，垂直于接触面的压力可以完全地在界面间传递，从而可得到外钢管对核心混凝土的作用力。

采用考虑界面切向的黏结与滑移模型可较合理地模拟钢管与核心混凝土变形不一致时的受力情况。界面切向力模拟采用软件 ABAQUS 提供的库仑摩擦模型。图 5-14 中的实线描述了库仑摩擦模型的摩擦行为：当两个接触面间的剪应力小于临界值时，相对滑移量为零；当两个接触面间的剪应力达到临界值 τ_{crit} 时，接触面间产生相对滑动，但在滑动过程中，接触面的剪应力保持为 τ_{crit} 不变。界面临界剪应力与界面法向压力的关系如图 5-15 所示。剪应力临界值 τ_{crit} 与界面接触压力成正比，且不小于平均界面黏结力 τ_{bond}，即：

$$\tau_{crit} = \mu p \geqslant \tau_{bond} \tag{5-56}$$

式中：μ 表示摩擦系数；p 表示两个接触面间的法向接触压力。

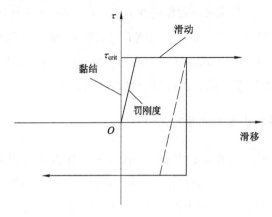

图 5-14　界面剪应力与滑移的关系

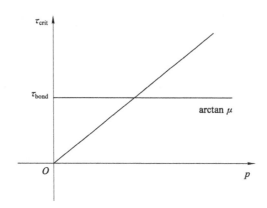

图 5-15　界面临界剪应力与界面法向压力的关系

根据 Baltay 等[166]的研究结果,钢管与核心混凝土的界面摩擦系数 μ 的取值范围为 0.2～0.6,参考 Schneider、Susantha、Hu 等[167-169]的建议,本书取摩擦系数 $\mu=0.25$。在ABAQUS 软件中采用允许"弹性滑动"的罚摩擦公式对两个接触界面的摩擦性能进行模拟。如图 5-15 所示:弹性滑动是在两个接触界面间发生的的相对运动,这个允许的非常微小的相对运动是单元特征长度的很小一部分。

对震损钢管混凝土框架结构加固后进行数值模拟,除了钢管与混凝土之间的界面接触外,还应该考虑碳纤维布与钢管的接触处理。本书试验模型的钢梁是型钢,加强环与钢梁上下翼缘、加强环与钢管也采用焊接,钢梁的腹板与钢管同样采取焊接,整个梁柱连接节点可以看作刚性节点。在 ABAQUS 软件分析过程中,钢梁上下翼缘与框架柱加强环、加强环与钢管、腹板与钢管等均采用耦合节点自由度的办法处理。采用 ABAQUS 软件中施加约束命令(CONSTRAINT)中的 TIE 命令把接触面处共用节点的自由度进行耦合处理。

5.1.5　边界条件的设置及加载方式

有限元分析模型边界条件与试验相同,三个柱脚均为固接。在建立模型时,限制柱脚在 X、Y、Z 三个方向的自由度,对固定支座的边界条件进行模拟。

加载过程中,试件承受的荷载为框架柱顶的轴向向下压力和第三层柱顶的水平方向推拉力。采用 ABAQUS 软件进行分析时,设置多个载荷步:在 3 个框架柱顶同时同步施加轴向荷载,为了得到框架荷载-位移曲线的下降段,采用水平位移加载,施加在顶层柱端耦合的参考点上。

5.1.6　非线性方程的求解

钢管混凝土结构的非线性问题一般分为三类:① 钢材与混凝土的材料非线性问题;② 几何非线性问题;③ 钢管与核心混凝土、碳纤维布与钢管在受力过程中界面接触条件发生变化引起的边界条件非线性问题[144,146-147,165,170-171]。

有限元分析中,非线性问题最终都可以归结为求解一组非线性方程。例如,以位移作为未知量的有限元计算时,平衡方程为:

$$K_T \delta = R \tag{5-57}$$

式中:K_T 表示刚度矩阵;δ 表示结点位移阵列;R 表示结点荷载阵列。

非线性问题中刚度矩阵 K_T 不同于线性问题中的刚度矩阵,矩阵中的元素随结构应力和位移的变化而变化,应采用数值方法求解非线性方程。求解非线性方程组的方法大致可以归纳为迭代法、增量法和增量迭代混合法(见图 5-16)。其中,增量迭代混合法综合了增量法和迭代法的优点,即将荷载划分成若干级增量,但荷载分级数较增量法大大减少了,但其对每一个荷载增量进行迭代计算,使得每一级增量中的计算误差可控制在很小的范围内。

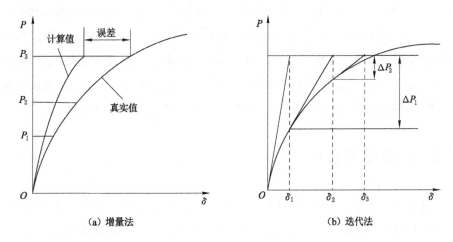

(a) 增量法　　　　　　　　　　(b) 迭代法

图 5-16　解方程基本方法

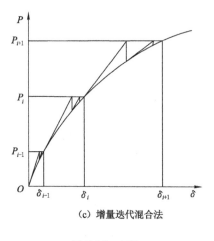

(c) 增量迭代混合法

图 5-16 （续）

在求解的过程中,本书选择了 ABAQUS 软件提供的自动增量步长的求解方式,即在求解过程中,若连续两个增量步小于 5 次迭代时收敛,则将增量大小提高 50%,为了避免增量步过大,可设定最大增量步长。

在程序默认情况下,如果经过 16 次迭代求解仍不能收敛或者结果显示出发散,即放弃当前增量步,并将增量步的值设置为原来值的 25%,重新开始计算,利用比较小的载荷增量来尝试找到收敛的解答。若此增量仍不能使其收敛,将再次减小增量步的值。在中止分析之前,允许至多 5 次减小增量步的值。

ABAQUS/Standard 提供了 3 种迭代方法来进行计算,即牛顿法、修正牛顿法和拟牛顿法。3 种方法的每次计算量不同,牛顿法最大,拟牛顿法次之,修正牛顿法最小,但总的计算效率除了与每次的计算量有关外,还与收敛的速度有关,因为牛顿法有很好的收敛性,所以本书选择牛顿法进行计算求解。

5.2 计算结果分析

分别对第 4 章中的试件 KJ-1、KJ-1A、KJ-2 和 KJ-3 进行数值模拟计算,验证所采用材料的本构关系、界面接触模型和有限元单元类型是否正确,将各试件的数值计算结果与试验结果进行比较,验证所建立模型的可行性和有效性。

5.2.1　内力和破坏机理

为了更直观地观察试件在水平低周反复荷载作用过程中的破坏机理和应力分布情况，下面给出加固前后各试件的 Mises 应力分布云图，如图 5-17～图 5-24 所示。

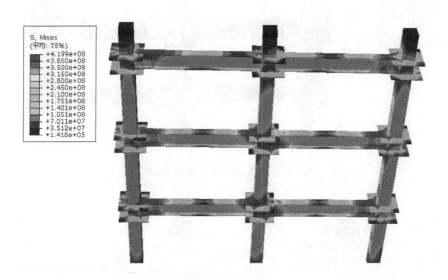

图 5-17　试件 KJ-1 等效应力云图

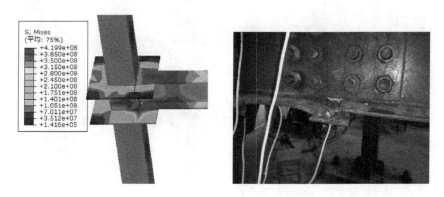

图 5-18　试件 KJ-1 梁柱节点等效应力云图和试验对比图

图 5-19　试件 KJ-1A 等效应力云图

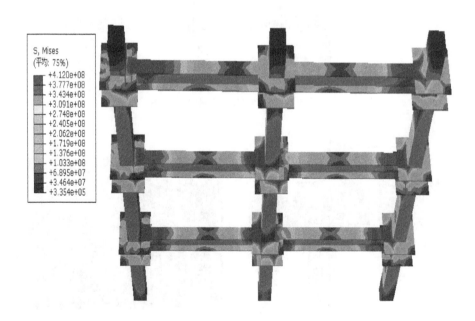

图 5-20　试件 KJ-1A 取消碳纤维布后显示的等效应力云图

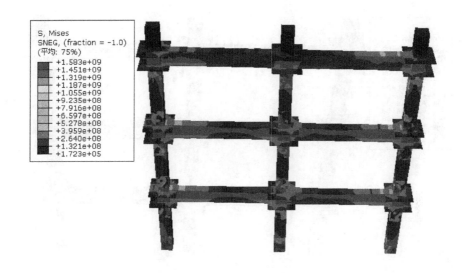

图 5-21　试件 KJ-2 等效应力云图

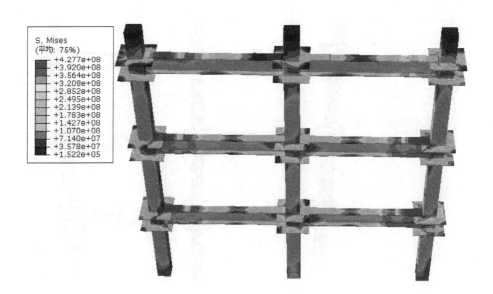

图 5-22　试件 KJ-2 取消碳纤维布后显示的等效应力云图

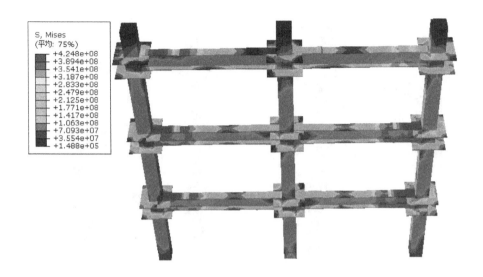

图 5-23 试件 KJ-3 等效应力云图

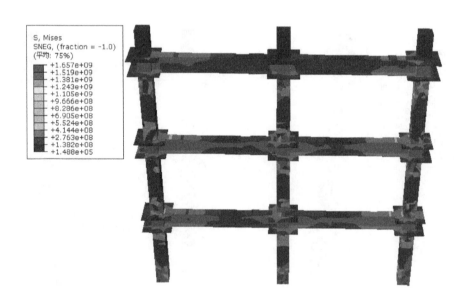

图 5-24 试件 KJ-3 取消碳纤维布后显示的等效应力云图

　　图 5-17 为试件 KJ-1 等效应力云图,从图中可以看出:结构在低周反复荷载加载初期处于弹性工作阶段,应力与应变是线性的,框架各构件应力未达到屈服强度,外观没有明显的变化;随着水平加载位移的增加,结构进入弹塑性工作阶段,框架柱加强环和梁端翼缘相连处出现屈服,但钢管和核心混凝土两者协调变形、共同受力,而且核心混凝土限制了钢管的屈曲,延缓了结构塑性铰的出现,因此进入弹塑性工作阶段后,试件仍有较大的承载力和刚度;随着水平加载位移的进一步增大,梁端全截面屈服,梁铰增多,导致框架结构破坏,这与试验结果一致。图 5-18 给出了 KJ-1 梁柱节点等效应力云图和试验对比图,说明此次模拟效果较好。

　　图 5-19 给出了试件 KJ-1A 等效应力云图,计算结果显示碳纤维布最大应力为 1 800 MPa,未达到最大应力,因此碳纤维布没有发生破坏。图 5-20 为试件 KJ-1A 取消碳纤维布后显示的等效应力云图,可以看出加固框架未出现塑性铰的转移,满足延性框架的要求,验证了加固方法的有效性。

　　图 5-21 为试件 KJ-2 等效应力云图,图 5-22 为试件 KJ-2 取消碳纤维布后显示的等效应力云图。结果显示碳纤维布最大应力为 1 657 MPa,未达到最大应力,因此碳纤维布没有破坏。

　　图 5-23 为试件 KJ-3 等效应力云图,图 5-24 为试件 KJ-3 取消碳纤维布后显示的等效应力云图。计算结果显示碳纤维布最大应力为 1 583 MPa,未达到最大应力,因此碳纤维布没有破坏。

　　从图 5-21 和图 5-23 给出了最后一次加载(正向最大位移)时的破坏位置,对于反向最大位移应力云图与正向对称。从图中可以看出经加固后钢管混凝土框架结构仍在加强环和钢梁翼缘连接处发生破坏,与未加固直接破坏试件保持一致,说明加固后框架未出现塑性铰的转移。

　　由图 5-17~图 5-24 可见,采用上述有限元建模方法得到的碳纤维布加固和碳纤维布及钢板复合加固结构的应力与试验结果吻合较好,说明本书采用的有限元分析模型是有效和可行的。

5.2.2　滞回曲线

　　通过计算得到了钢管混凝土框架结构加固前后的荷载-位移曲线。图 5-25 为加固前结构试件与模拟震损加固后结构试件的有限元计算结果与试验结果,由图可以看出,ABAQUS 软件的计算结果与试验结果在弹性阶段吻合较好,但在弹塑性阶段吻合较差,主要表现在有限元计算的峰值荷载比试验峰值荷载小,超过峰值荷载后,有限元计算得到的荷载下降趋势没有试验结果陡,可能的原因主要有:

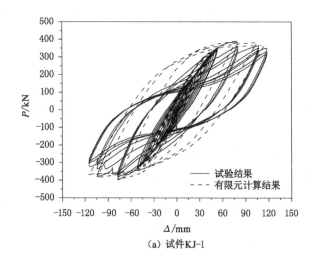

(a) 试件 KJ-1

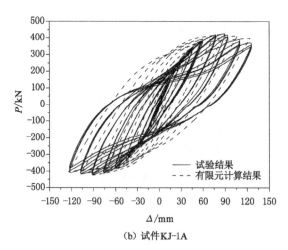

(b) 试件 KJ-1A

图 5-25　有限元分析的 P-Δ 曲线

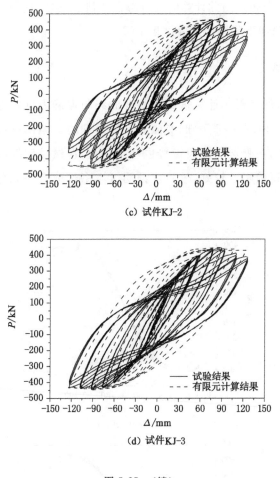

(c) 试件 KJ-2

(d) 试件 KJ-3

图 5-25 （续）

（1）试验过程中，施加柱顶轴向荷载千斤顶的控制系统的稳定性是一个影响因素。尽管在试验过程中有专人进行控制系统操作，力求在轴力变化后及时人工补充压力进行控制调整，但由于轴力（千斤顶）位置总处于动态移动过程中，因此轴力数值可能在变化但并没有实时反映到控制仪表中，这样就有可能引起实际施加在柱顶轴力降低的变化趋势。

（2）由于本书模型为平面框架结构，计算过程中非线性较强，主要包括材料非线性（特别是混凝土本构存在下降段）、界面接触非线性（本书计算模型中存在多个界面接触问题），因此计算时没有考虑几何非线性，这导致有限元计算得到的荷载-位移曲线下降段比试验结果平缓。

5.2.3　骨架曲线

加固前后试件有限元计算得到的骨架曲线与拟静力试验得到的骨架曲线如图 5-26 所示。由图 5-26 可知：有限元计算得到的骨架曲线在弹性阶段与试验结果基本吻合，在弹塑性阶段走势也基本一致，在试件破坏阶段也出现了略微的下降段，与试验吻合较好，进一步证明了本书选取有限元分析模型的可行性和有效性。

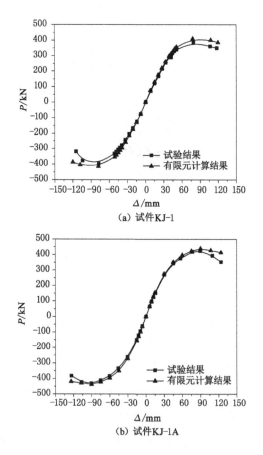

（a）试件 KJ-1

（b）试件 KJ-1A

图 5-26　骨架曲线模型与试验曲线的比较

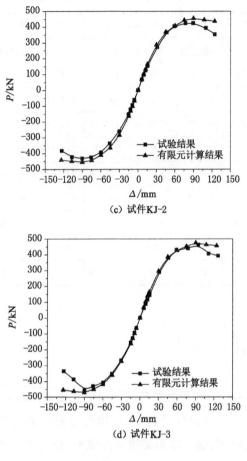

（c）试件 KJ-2

（d）试件 KJ-3

图 5-26　（续）

5.2.4　承载力及变形

ABAQUS 软件计算得到的屈服状态和极限状态承载力及位移与试验得到的结果比较如表 5-1 所示。由表 5-1 可知：由于实际柱顶摩擦及焊缝对模型的影响，有限元模拟值整体较试验值大，但误差控制 10％以内，在工程许可的范围内，证明本书建立的有限元分析模型能够较好地反映试件的抗震性能。

表 5-1　屈服、极限状态时荷载及位移值

试件编号	加载方向	试验屈服状态		试验极限状态		模拟屈服状态		模拟极限状态	
		屈服荷载/kN	屈服位移/mm	极限荷载/kN	极限位移/mm	屈服荷载/kN	屈服位移/mm	极限荷载/kN	极限位移/mm
KJ-1	正向	191.37	24.46	385.77	79.14	196.17	23.57	409.59	78.28
	反向	−185.79	−24.13	−398.62	−77.34	−195.87	−23.35	−414.17	−77.82
KJ-1A	正向	247.63	27.91	424.03	84.58	242.83	26.93	439.15	90.34
	反向	−234.78	−27.43	−430.93	−86.60	−250.27	−27.15	−437.83	−89.78
KJ-2	正向	244.81	27.59	445.23	89.47	258.47	26.48	454.72	90.32
	反向	−238.25	−27.56	−445.48	−90.20	−254.28	−26.42	−455.14	−90.58
KJ-3	正向	246.98	28.23	464.07	94.12	262.31	27.64	475.71	91.47
	反向	−252.28	−29.86	−433.04	−89.86	−256.28	−27.85	−471.07	−90.26

5.3　本章小结

　　本章采用 ABAQUS 有限元软件对加固前和震损加固后的钢管混凝土框架结构建立了三维有限元非线性分析模型:钢管和钢梁采用弹塑性模型,核心混凝土采用塑性损伤模型,碳纤维布采用弹性模型;建立了合理的边界条件;选择了合适的界面接触模型及加载方式等。通过对试件在低周反复水平荷载作用下的抗震性能数值进行模拟,将有限元计算结果与试验结果进行比较,吻合较好,验证了采用的三维非线性有限元分析模型对震后钢管混凝土结构进行加固后抗震性能数值模拟的有效性。

第 6 章　结论及展望

6.1　结论

本书针对"震后钢管混凝土框架结构抗震性能评价及加固技术研究"这一课题,对震后钢管混凝土框架结构伤识别方法和加固性能进行了分析和研究。

损伤识别方法主要结合模态参数的敏感性分析,运用并验证了基于 CMCM 的修正方法对空间钢管混凝土框架结构进行了损伤识别的可行性和有效性。以确保震后钢管混凝土框架结构抗震性能为目的,从"结构层面"应用碳纤维布加固和碳纤维布及钢板复合加固两种方式对震损钢管混凝土结构进行试验研究,并利用数值模拟研究了加固前和震损加固后的结构抗震性能,验证了所提出的快速修复加固方法的可行性和有效性。从上述研究中,得到如下主要结论:

(1) 根据模态参数的敏感性分析,研究了频率、振型的变化与结构损伤的关系。通过比较各种工况下的敏感性系数可以发现:随着频率阶数增大,频率敏感性系数也会增大,说明高阶频率对损伤更加敏感;随着振型阶数增大,振型敏感性系数也会增大,表明高阶振型对损伤更加敏感。

(2) 选择参数敏感性选择的 5 阶模态参数作为 CMCM 修正方法的分析基础,对实验室中比例为 1∶3 的四层两跨空间带楼板钢管混凝土框架结构进行了损伤识别研究。结果表明基于 CMCM 的修正方法能够准确地识别出结构的损伤位置和损伤程度,证明了该方法的可行性和有效性。

（3）经碳纤维布加固后，钢管混凝土框架结构仍有着良好的延性，结构极限承载力及极限位移较加固前均有一定幅度的提高。对比同级加载位移处的刚度和强度退化、能量耗散系数，加固后的试件与加固前的试件相比大致处于相同的水平，并保持了较好的耗能性能。对于钢管混凝土框架结构而言，从承载力、延性和耗能等方面来看，采用碳纤维布是一种有效的抗震加固方法。

（4）经碳纤维布及钢板加固后，钢管混凝土框架结构有着良好的延性变形能力。与未进行加固的框架相比，结构极限承载力有较大幅度的提高，最大提高值为 20.30%。采用碳纤维布及钢板复合加固的中度预损框架与重度预损框架相比，各级加载条件下的承载力变化幅度不明显，说明损伤程度对加固后的结构性能影响不大。从承载力、延性和耗能能力等抗震性能指标来看，采用碳纤维布及钢板对钢管混凝土框架结构进行抗震加固是一种非常有效的方法。

（5）采用 ABAQUS 有限元软件对加固前后的钢管混凝土框架结构试验模型进行了数值模拟分析，有限元计算结果与相应的试验结果吻合较好，验证了三维非线性有限元分析模型的有效性。

6.2　展望

对地震损伤后钢管混凝土框架结构进行损伤识别和加固性能研究还处于起步阶段。由于钢管混凝土框架结构的复杂性，地震后钢管混凝土框架结构损伤情况的多样性，以及各种客观条件的限制，还有很多问题有待进一步研究。

（1）实际地震后钢管混凝土结构发生损伤的情况是非常复杂的，有结构的初始损伤、荷载作用下的损伤等，同时还可能出现多处损伤、多种损伤共存的情况。本书只是对梁端和柱端等典型位置进行了研究，对损伤程度各不相同或多个部位不同程度的损伤，仍需要更进一步的深入研究。

（2）基于 CMCM 修正的损伤识别方法要求建立能精确反映结构在健康状态下基本特性的基准有限元模型，这是很难做到的。因此，如何准确地建立该基准有限元模型,仍需要更进一步的深入研究。

(3)本书的研究都是基于完全卸载后进行加固,而在实际的加固工程中荷载完全卸除几乎没有,往往都是持载施工。加固后碳纤维布、钢板和原有构件之间的协同工作性能需要进行进一步的试验研究和理论分析。

(4)在本书的研究工作中没有考虑钢管与混凝土间的黏结滑移,也没有考虑碳纤维布与钢管之间的黏结滑移,同时对构件中存在的初始应力和初始应变等初始缺陷也没有考虑,因此如何在分析中建立考虑这些问题的模型也有待进一步研究。

参 考 文 献

[1] 中华人民共和国国家质量监督检验检疫总局,中国国家标准化管理委员会. 生命线工程地震破坏等级划分:GB/T 24336—2009[S].北京:中国标准出版社,2009.

[2] 罗焓杰,罗小勇,李鹏.损伤后结构抗震性能研究综述[J].四川建筑,2009,29 (4):182-183.

[3] CIPOLLINA A, LÓPEZ-INOJOSA A, FLÓREZ-LÓPEZ J.A simplified damage mechanics approach to nonlinear analysis of frames[J].Computers and structures,1995,54(6):1113-1126.

[4] PERDOMO M E,RAMÍREZ A,FLÓREZ-LÓPEZ J.Simulation of damage in RC frames with variable axial forces[J].Earthquake engineering & structural dynamics,1999,28(3):311-328.

[5] 李忠献,许成祥,王冬,等.钢管混凝土框架结构抗震性能的试验研究[J].建筑结构,2004,34(1):3-6,38.

[6] 丁阳,许成祥,戴学新,等.钢管混凝土框架结构抗震性能的非线性有限元分析[J].建筑结构,2004,34(1):7-10.

[7] 胡聿贤.地震工程学[M].2 版.北京:地震出版社,2006.

[8] 张敏政.汶川地震中都江堰市的房屋震害[J].地震工程与工程振动,2008,28 (3):1-6.

[9] 王亚勇.汶川地震建筑震害启示:抗震概念设计[J].建筑结构学报,2008, (4):20-25.

[10] 余江滔,陆洲导,张克纯.震损钢筋混凝土框架节点修复后抗震性能试验研

究[J].建筑结构学报,2010,31(12):64-73.

[11] 苏磊,陆洲导,张克纯,等.BFRP加固震损混凝土框架节点抗震性能试验研究[J].东南大学学报(自然科学版),2010,40(3):559-564.

[12] LIFSHITZ J M,ROTEM A.Determination of reinforcement unbonding of composites by a vibration technique[J].Journal of composite materials,1969,3(3):412-423.

[13] 杨智春,于哲峰.结构健康监测中的损伤检测技术研究进展[J].力学进展,2004(2):215-223.

[14] VANDIVER J K.Detection of structural failure on fixed platforms by measurement of dynamic response[J].Journal of petroleum technology,1977,29(3):305-310.

[15] NI Y Q,JIANG S F,KO J M.Application of adaptive probabilistic neural network to damage detection of Tsing Ma suspension bridge[J].Health monitoring and management of civil infrastructure systems,2001,4337:347-356.

[16] 王丹生,吴宁,朱宏平.光纤光栅传感器在桥梁工程中的应用与研究现状[J].公路交通科技,2004,21(2):57-61.

[17] 秦权.桥梁结构的健康监测[J].中国公路学报,2000,13(2):37-42.

[18] NI Y Q,XIA Y,LIAO W Y,et al.Technology innovation in developing the structural health monitoring system for Guangzhou New TV Tower [J].Structural control and health monitoring,2009,16(1):73-98.

[19] SPENCER B F,RUIZ-SANDOVAL M E,KURATA N.Smart sensing technology:opportunities and challenges[J].Structural control and health monitoring,2004,11(4):349-368.

[20] DOEBLING S W,FARRAR C R,PRIME M B,et al.Damage identification and health monitoring of structural and mechanical systems from changes in their vibration characteristics:a literature review:LA-13070-MS[R].Los Alamos:Los Alamos National Laboratory Report,2004.

[21] SOHN H,FARRAR C R,HEMEZ F M,et al.A review of structural health monitoring literature 1996-2001:LA-13976-MS[R].Los Alamos:Los Alamos National Laboratory Report,2004.

[22] CARDEN E P,FANNING P.Vibration based condition monitoring:a review[J].Structural health monitoring,2004,3(4):355-377.

[23] FAN W,QIAO P Z.Vibration-based damage identification methods:a review and comparative study[J].Structural health monitoring,2011,10(1):83-111.

[24] 苗玉彬,滕弘飞,丁金华,等.基于有限元分析的特征值反问题求解的逆摄动方法[J].计算力学学报,2001,18(1):48-55.

[25] 于德介,李佳升.结构局部损伤的一种定量诊断方法[J].动态分析与测试技术,1995,13(3):22-26.

[26] 高芳清,金建明,高淑英.基于模态分析的结构损伤检测方法研究[J].西南交通大学学报,1998(1):110-115.

[27] WANG X,HU N,FUKUNAGA H,et al.Structural damage identification using static test data and changes in frequencies[J].Engineering structures,2001,23(6):610-621.

[28] 李洪升,陶恒亮,郭杏林.基于频率变化平方比的压力管道损伤定位方法[J].大连理工大学学报,2002,42(4):400-403.

[29] WEST W M.Illustration of the use of modal assurance criterion to detect structural changes in an orbiter test specimen[C]//4th International Modal Analysis Conference.Houston:NASA Jonhson Space Center,1984:1-6.

[30] LIEVEN N A J,EWINS D J.Spatial correlation of mode shapes,the coordinate modal assurance criterion(COMAC)[C]//Proceedings of the 6th International Modal Analysis Conference.Kissimmee,Florida:[s.n.],1988:690-695.

[31] ABDO M A B,HORI M.A numerical study of structural damage detection using changes in the rotation of mode shapes[J].Journal of

sound and vibration,2002,251(2):227-239.

[32] FOX R L,KAPOOR M P.Rates of change of eigenvalues and eigenvectors [J].AIAA journal,1968,6(12):2426-2429.

[33] PERTESON L D,ALVIN K F,DOEBLING S W,et al.Damage detection using experimentally measured mass and stiffness matrices [C]//In AIAA/ASME/ASCE/AHS/ASC 34th Structures,Structural Dynamics, and Materials Conference, April 19-22, La Jolla, USA:AIAA, 1993: 1518-1528.

[34] STEPHENSON T W. Probabilistic evaluation of a vibrational NDE damage detection and reliability assessment method for aerospace structures[D].EL Paso:The University of Texas at EL Paso,1993.

[35] PANDEY A K, BISWAS M. Experimental verification of flexibility difference method for locating damage in structures[J].Journal of sound and vibration,1995,184(2):311-328.

[36] MESSINA A,WILLIAMS E J,CONTURSI T.Structural damage detection by a sensitivity and statistical-based method [J]. Journal of sound and vibration,1998,216(5):791-808.

[37] SAMPAIO R P C,MAIA N M M,SILVA J M M.Damage detection using the frequency-response-function curvature method[J].Journal of sound and vibration,1999,226(5):1029-1042.

[38] PARLOO E, GUILLAUME P, VAN OVERMEIRE M.Damage assessment using mode shape sensitivities[J].Mechanical systems and signal processing, 2003,17(3):499-518.

[39] GOMES H M,SILVA N R S.Some comparisons for damage detection on structures using genetic algorithms and modal sensitivity method[J]. Applied mathematical modelling,2008,32(11):2216-2232.

[40] SHI Y,EBERHART R.A modified particle swarm optimizer[C]//1998 IEEE International Conference on Evolutionary Computation Proceedings.

Anchorage,AK,USA:IEEE,1998:69-73.

[41] 王博,吕正勋,何伟.结构动力模型修正方法研究与进展[J].水利与建筑工程学报,2009,7(1):16-19.

[42] IMREGUN M,VISSER W J.A review of model updating techniques[J].The shock and vibration digest,1991,23(1):9-20.

[43] MOTTERSHEAD J E,FRISWELL M I.Model updating in structural dynamics:a survey[J].Journal of sound and vibration,1993,167(2):347-375.

[44] FRISWELL M I,MOTTERSHEAD J E.Finite Element model updating in structural dynamics[M].Dordrecht:Springer,1995.

[45] BERMAN A,FLANNELLY W G.Theory of incomplete models of dynamic structures[J].AIAA journal,1971,9(8):1481-1487.

[46] CHEN J C,WADA B K.Criteria for analysis-test correlation of structural dynamic systems[J].Journal of applied mechanics,1975,42(2):471-477.

[47] STETSON K A,PALMA G E.Inversion of first-order perturbation theory and its application to structural design[J].AIAA journal,1976,14(4):454-460.

[48] BARUCH M,BAR-ITZHACK I Y.Optimal weighted orthogonalization of measured modes[J].AIAA journal,1978,16(4):346-351.

[49] CHEN J C,GARBA J A.Analytical model improvement using modal test results[J].AIAA journal,1980,18(6):684-690.

[50] BERMAN A,NAGY E J.Improvement of a large analytical model using test data[J].AIAA journal,1983,21(8):1168-1173.

[51] KABE A M.Stiffness matrix adjustment using mode data[J].AIAA journal,1985,23(9):1431-1436.

[52] HEYLEN W.Model optimization with measured modal data by mass and stiffness changes[C]//Proceedings of the 10th International Seminar on Modal Analysis.Leuven,Belgium:[s.n.],1985.

[53] FRITZEN C P,JENNEWEIN D,KIEFER T.Damage detection based on

model updating methods[J].Mechanical systems and signal processing, 1998,12(1):163-186.

[54] GÖRL E,LINK M.Damage identification using changes of eigenfrequencies and mode shapes[J].Mechanical systems and signal processing,2003,17(1): 103-110.

[55] JAISHI B,REN W X.Damage detection by finite element model updating using modal flexibility residual[J].Journal of sound vibration,2006,290 (1/2):369-387.

[56] HU S L J,LI H J,WANG S Q.Cross-model cross-mode method for model updating[J].Mechanical systems and signal processing,2007,21(4):1690- 1703.

[57] PERERA R,RUIZ A,MANZANO C.An evolutionary multiobjective framework for structural damage localization and quantification [J]. Engineering structures,2007,29(10):2540-2550.

[58] PERERA R,RUIZ A.A multistage FE updating procedure for damage identification in large-scale structures based on multiobjective evolutionary optimization[J].Mechanical systems and signal processing, 2008, 22(4): 970-991.

[59] PERERA R, FANG S G, HUERTA C.Structural crack detection without updated baseline model by single and multiobjective optimization [J]. Mechanical systems and signal processing,2009,23(3):752-768.

[60] PERERA R,FANG S E.Influence of objective functions in structural damage identification using refined and simple models[J].International journal of structural stability and dynamics,2009,9(4):607-625.

[61] 李英超.基于模态参数识别的海洋平台结构模型修正技术研究[D].青岛: 中国海洋大学,2012.

[62] 傅奕臻,魏子天,吕中荣,等.基于时域响应灵敏度分析的板结构损伤识别 [J].振动与冲击,2015,34(4):117-120.

[63] 邱法维,欧进萍.钢管混凝土柱滞回耗能和累积损伤的试验研究[J].哈尔滨建筑大学学报,1996,29(3):41-45.

[64] 潘绍伟,叶跃忠,徐全.钢管混凝土拱桥超声波检测研究[J].桥梁建设,1997(1):34-37.

[65] 姜绍飞,许丕元,陈维.钢管混凝土结构的损伤检测方法[J].哈尔滨工业大学学报,2003,35(增刊):204-207,229.

[66] 黄新国.钢管混凝土表面波检测方法的研究[D].武汉:华中科技大学.2003.

[67] 周先雁,肖云风.用超声波法和冲击回波法检测钢管混凝土质量的研究[J].中南林学院学报,2006,26(6):44-48.

[68] 郭蓉,王铁成,赵少伟,等.方钢管混凝土柱的地震损伤模型[J].河北农业大学学报,2007,30(3):109-112.

[69] 许斌,李冰,宋刚兵,等.基于压电陶瓷的钢管混凝土柱剥离损伤识别研究[J].土木工程学报,2012,45(7):86-96.

[70] 张敏,唐贵和,李文雄.钢管混凝土拱桥吊杆损伤分布式识别[J].空间结构,2013,19(1):79-84,90.

[71] 邓海明,李彦贺,王鸿章,等.钢管混凝土柱断面界面剥离缺陷检测试验研究[J].压电与声光,2016,38(1):166-169,173.

[72] 张敬书,潘宝玉.现行抗震加固方法及发展趋势[J].工程抗震与加固改造,2005,27(1):56-62.

[73] 王庆利,赵颖华,顾威.圆截面CFRP-钢复合管混凝土结构的研究[J].沈阳建筑工程学院学报(自然科学版),2003(4):272-274.

[74] 庄金平.FRP加固火灾后钢管混凝土柱滞回性能研究[D].福州:福州大学,2003.

[75] 顾威,关崇伟,赵颖华,等.圆CFRP钢复合管混凝土轴压短柱试验研究[J].沈阳建筑工程学院学报(自然科学版),2004,20(2):118-120.

[76] 庄金平,陶忠,韩林海.FRP加固钢管混凝土柱的应用探讨[C]//中国钢结构协会钢-混凝土组合结构分会第十次年会论文集.哈尔滨:中国钢结构协会钢-混凝土组合结构分会,2005.

[77] 何文辉,肖岩.圆形截面约束钢管混凝土柱抗震性能的试验研究[C]//中国钢结构协会钢-混凝土组合结构分会第十次年会论文集.哈尔滨:中国钢结构协会钢-混凝土组合结构分会,2005.

[78] 陶忠,庄金平,于清.FRP约束钢管混凝土轴压构件力学性能研究[J].工业建筑,2005,35(9):20-23.

[79] 赵颖华.CFRP-钢管混凝土圆柱力学性能分析[C]//复合材料力学现代进展会议论文集扩展摘要.大连:中国复合材料学会力学专业委员会,中国力学学会复合材料力学专业学组,2005.

[80] 卢亦焱,张号军.一种加固钢管混凝土受压构件的方法:CN200410013077.9[P].2005-01-26.

[81] XIAO Y,HE W H,CHOI K K.Confined concrete-filled tubular columns[J].Journal of structural engineering,2005,131(3):488-497.

[82] 顾威,赵颖华,尚东伟.CFRP-钢管混凝土轴压短柱承载力分析[J].工程力学,2006,23(1):149-153.

[83] 王茂龙,刘明,朱浮声.CFRP加固高温后圆钢管混凝土结构轴压力学性能分析[J].东北大学学报.2006,27(12):1381-1384.

[84] 王庆利,姜桂兰,高轶夫.CFRP增强圆钢管混凝土受弯构件试验[J].沈阳建筑大学学报(自然科学版),2006,22(2):224-227.

[85] 王庆利,张海波,潘东风,等.圆CFRP-钢管混凝土构件的受弯性能[J].沈阳建筑大学学报(自然科学版),2006,22(4):534-537.

[86] 王庆利,殷春晓,刘凛.圆CFRP-钢管混凝土受弯构件弯矩-曲率关系分析[J].科学技术与工程,2007,7(22):5823-5828.

[87] 高轶夫,王庆利,郭友利.CFRP环向约束圆钢管混凝土受弯构件数值模拟[C]//中国钢结构协会钢-混凝土组合结构分会第十一次学术会议暨钢-混凝土组合结构的新进展交流会论文汇编.长沙:中国钢结构协会,2007.

[88] 顾威,赵颖华.CFRP钢管混凝土轴压长柱试验研究[J].土木工程学报,2007,40(11):23-28.

[89] TAO Z,HAN L H.Behaviour of fire-exposed concrete-filled steel tubular

beam columns repaired with CFRP wraps[J].Thin-walled structures，2007,45(1):63-76.

[90] TAO Z,HAN L H,ZHUANG J P.Cyclic performance of fire-damaged concrete-filled steel tubular beam-columns repaired with CFRP wraps[J].Journal of constructional steel research,2008,64(1):37-50.

[91] 姜桂兰,王庆利,王月.圆 CFRP-钢管混凝土受弯构件极限弯矩简化计算[J].沈阳建筑大学学报(自然科学版),2008,24(2):204-207.

[92] 王庆利,刘洋,董志峰.圆 CFRP-钢管混凝土扭转性能试验研究[J].土木工程学报,2009,42(11):91-101.

[93] 韦江萍.CFRP 加固钢管混凝土轴心受压短柱承载力分析[J].工程抗震与加固改造,2009(4):66-70.

[94] LIU L,LU Y Y.Axial bearing capacity of short FRP confined concrete-filled steel tubular columns[J].Journal of Wuhan University of Technology (Materials Science Edition),2010,25(3):454-458.

[95] 陈忱.FRP 钢管混凝土侧向冲击性能的分析[D].大连:大连海事大学,2010.

[96] PARK J W,HONG Y K,CHOI S M.Behaviors of concrete filled square steel tubes confined by carbon fiber sheets(CFS) under compression and cyclic loads[J].Steel & composite structures,2010,10(2):187-205.

[97] 车媛,王庆利,邵永波,等.圆 CFRP-钢管混凝土压弯构件滞回性能试验研究[J].土木工程学报,2011,44(7):46-54.

[98] 张力伟,赵颖华,江阿兰.基于声发射技术的 CFRP 钢管混凝土受弯破坏过程[J].无损检测,2011,33(2):27-30.

[99] HU Y M,YU T,TENG J G.FRP-confined circular concrete-filled thin steel tubes under axial compression[J].Journal of composites for construction,2011,15(5):850-860.

[100] SUNDARRAJA M C,GANESH PRABHU G.Finite element modelling of CFRP jacketed CFST members under flexural loading[J].Thin-

Walled structures,2011,49(12):1483-1491.

[101] 李杉,卢亦焱,李娜,等.FRP-圆钢管混凝土柱受剪性能试验研究[J].建筑结构学报,2012,33(11):107-114.

[102] LI S Q,CHEN J F,BISBY L A,et al.Strain efficiency of FRP jackets in FRP-confined concrete-filled circular steel tubes[J].International journal of structural stability and dynamics,2012,12(1):75-94.

[103] SUNDARRAJA M C,PRABHU G G.Investigation on strengthening of CFST members under compression using CFRP composites[J].Journal of reinforced plastics and composites,2011,30(15):1251-1264.

[104] SUNDARRAJA M C,SIVASANKAR S.Axial behaviour of HSS tubular sections strengthened by CFRP strips:an experimental investigation [J].Science and engineering of composite materials,2012,19(2):159-168.

[105] SUNDARRAJA M C,PRABHU G G.Experimental study on CFST members strengthened by CFRP composites under compression[J].Journal of constructional steel research,2012,72:75-83.

[106] SUNDARRAJA M C,SIVASANKAR S.Behaviour of CFRP jacketed HSS tubular members under compression—an experimental investigation[J].Journal of structural engineering(India),2012,39(5):574-582.

[107] SUNDARRAJA M C,PRABHU G G.Behaviour of CFST members under compression externally reinforced by CFRP composites[J].Journal of civil engineering and management,2013,19(2):184-195.

[108] 董江峰,侯敏,王清远,等.碳纤维布加固薄壁钢管再生混凝土短柱的力学性能[J].四川大学学报(工程科学版),2012,44(增刊1):255-260.

[109] 闫煦,周博.方CFRP-钢管混凝土(S-CFRP-CFST)压弯构件滞回性能试验研究[J].工程力学,2013,30(增刊1):236-240,247.

[110] 李辉.FRP加固钢管混凝土圆柱轴压性能研究[D].广州:广东工业大学,2013.

[111] 顾威,李宏男,孙国帅.CFRP加固受损钢管混凝土轴压柱试验研究[J].建

筑材料学报,2013,16(1):138-142.

[112] KARIMI K,TAIT M J,EL-DAKHAKHNI W W.Analytical modeling and axial load design of a novel FRP-encased steel-concrete composite column for various slenderness ratios[J].Engineering structures,2013, 46:526-534.

[113] TENG J G,HU Y M,YU T.Stress-strain model for concrete in FRP-confined steel tubular columns[J].Engineering structures,2013,49: 156-167.

[114] 许成祥,彭威,许凯龙,等.碳纤维布加固震损方钢管混凝土框架边节点抗震性能试验研究[J].建筑结构学报,2014,35(11):69-76.

[115] 祝瑞祥,王元清,戴国欣,等.负载下钢结构构件加固技术及其应用研究综述[C]//第十一届全国建筑物鉴定与加固改造学术交流会议论文集.北京:中国建材工业出版社,2012.

[116] BROWN J H.Reinforcing loaded steel compression members[J].Engineering journal,1988,25(4):161-168.

[117] MARZOUK H,MOHAN S.Strengthening of wide-flange columns under load[J].Canadian journal of civil engineering,1990,17(5):835-843.

[118] 郭寓岷,陈增光.高荷载下的焊接技术[J].钢结构,1996(1):49-54.

[119] ANDERSON J C,DUAN X.Repair/upgrade procedures for welded beam to column connections:report No.PEER-98/03[R].California:Pacific Earthquake Engineering Research Center,University of Southern California,1998.

[120] ENGELHARDT M D,SABOL T A.Reinforcing of steel moment connections with cover plates:benefits and limitations[J].Engineering structures, 1998,20(4/5/6):510-520.

[121] FEMA-355D.State of the art report on connection performance of steel moment frames subject to earthquake ground shaking[R].Washington DC:Joint Venture for the Federal Emergency Agency,2000:355-434.

[122] KIM T,WHITTAKER A S,GILANI A S J,et al.Cover-plate and

flange-plate steel moment-resisting connections[J].Journal of structural engineering,2002,128(4):474-482.

[123] 王德锋,邹永春,肖逸青.某钢结构多层厂房加固技术的应用[J].工业建筑,2005(增刊1):912-913,972.

[124] 张涛,王元清,石永久,等.单层轻钢厂房刚架梁和节点域的加固设计与分析[J].四川建筑科学研究,2006,32(3):49-52.

[125] 王艳艳.方钢管混凝土柱-钢梁框架的抗震性能研究[D].天津:天津大学,2006.

[126] 张凌.损伤方钢管混凝土框架加固后抗震性能的试验研究[D].天津:天津大学,2006.

[127] 郭蓉.加固方钢管混凝土框架的抗震性能试验与理论研究[D].天津:天津大学,2007.

[128] 王铁成,郝贵强,齐建伟,等.钢管混凝土框架加固后抗震性能的试验研究[J].地震工程与工程振动,2007,27(3):35-40.

[129] GANNON L.Strength and behavior of beams strengthened while under load[D].Halifax:Dalhousie University,2007.

[130] LIU Y,GANNON L.Experimental behavior and strength of steel beams strengthened while under load[J].Journal of constructional steel research,2009,65(6):1346-1354.

[131] LIU Y,GANNON L.Finite element study of steel beams reinforced while under load[J].Engineering structures,2009,31(11):2630-2642.

[132] 龚顺风,程江敏,程鹏.加固钢柱的非线性屈曲性能研究[J].钢结构,2011,26(11):15-19.

[133] 中国工程建设标准化协会.矩形钢管混凝土结构技术规程:CECS 159—2004,[S].北京:中国计划出版社,2004.

[134] 中国工程建设标准化协会.碳纤维片材加固混凝土结构技术规程:CECS 146—2003[S].北京:中国计划出版社,2007.

[135] 中华人民共和国建设部.建筑抗震试验方法规程:JGJ 101—1996[S].北

京:中国建筑工业出版社,1997.

[136] 杨勇新,岳清瑞,彭福明.碳纤维布加固钢结构的黏结性能研究[J].土木工程学报,2006,(10):1-5,18.

[137] 程江敏,程波,邱鹤,等.钢结构加固方法研究进展[J].钢结构,2012,27(11):1-7.

[138] 王元清,祝瑞祥,戴国欣,等.工字形截面受弯钢梁负载下焊接加固试验研究[J].土木工程学报,2015,48(1):1-10.

[139] 王元清,祝瑞祥,戴国欣,等.初始负载下焊接加固工字形截面钢柱受力性能试验研究[J].建筑结构学报,2014,35(7):78-86.

[140] 叶华文,段熹,陈栋军,等.连续焊接钢板梁桥腹板疲劳开裂分析[J].中外公路,2014,34(5):86-92.

[141] 陈惠发,萨里普.土木工程材料的本构方程:第一卷 塑性与建模[M].余天庆等,译.武汉:华中科技大学出版社,2001.

[142] 过镇海.混凝土的强度和变形-试验基础和本构关系[M].北京:清华大学出版社,1997.

[143] 过镇海.钢筋混凝土原理[M].北京:清华大学出版社,1999.

[144] 吕西林,金国芳,吴晓涵.钢筋混凝土结构非线性有限元理论与应用[M].上海:同济大学出版社,1997.

[145] 江见鲸.钢筋混凝土结构非线性有限元分析[M].西安:陕西科学技术出版社,1994.

[146] 江见鲸,陆新征,叶列平.混凝土结构有限元分析[M].北京:清华大学出版社,2005.

[147] 沈聚敏,王传志,江见鲸.钢筋混凝土有限元与板壳极限分析[M].北京:清华大学出版社,1993.

[148] 俞茂宏.岩土类材料的统一强度理论及其应用[J].岩土工程学报,1994(2):1-10.

[149] JIMENEZ R,WHITE R N,GERGELY P.Bond and dowel capacities of reinforced concrete[J].Journal of the American Concrete Institute,

1978,76(1):73-92.

[150] CHEN W F.Plasticity in reinforced concrete[M].New York:McGraw-Hill Book Company,1982.

[151] MODÉER M.A fracture mechanics approach to failure analysis of concrete materials[D].Lund,Sweden:University of Lund,1979.

[152] CHEN W F,TING E C.Constitutive models for concrete structures[J].Journal of the engineering mechanics division,1980,106(1):1-19.

[153] MONDKAR D P,POWELL G H.Evaluation of solution schemes for nonlinear structures[J].Computers & structures,1978,9(3):223-236.

[154] NILSON,ARTHUR H,BAANT,et.al.State-of-the-art report on finite element analysis of reinforced concrete[M].New York:American Society of Civil Engineers,1982.

[155] BAŽANT Z P,KIM S S.Plastic-fracturing theory for concrete[J].Journal of the engineering mechanics division,1979,105(3):407-428.

[156] 江见鲸,冯乃谦.混凝土力学[M].北京:中国铁道出版社,1991.

[157] BAŽANT Z P,BHAT P D.Endochronic theory of inelasticity and failure of concrete[J].Journal of engineering mechanics-asce,1976,102(4):701-722.

[158] BAŽANT Z P,SHIEH C L.Hysteretic fracturing endochronic theory for concrete[J].Journal of the engineering mechanics division,1980,106(5):929-950.

[159] 韩林海.钢管混凝土结构:理论与实践[M].北京:科学出版社,2004.

[160] 刘威.钢管混凝土局部受压时的工作机理研究[D].福州:福州大学,2005.

[161] KASHTALYAN M.Finite Element Analysis of Composite Materials using Abaqus? [J].Aeronautical journal,2014,118(1199):98-99.

[162] LUBLINER J,OLIVER J,OLLER S,et al.A plastic-damage model for concrete[J].International journal of solids and structures,1989,25(3):299-326.

［163］LEE J,FENVES G L.Plastic-damage model for cyclic loading of concrete structures［J］.Journal of engineering mechanics,1998,124(8):892-900.

［164］HILLERBORG A,MODÉER M,PETERSSON P E.Analysis of crack formation and crack growth in concrete by means of fracture mechanics and finite elements［J］.Cement and concrete research,1976,6(6): 773-781.

［165］庄茁,张帆,岭松.ABAQUS 非线性有限元分析与实例［M］.北京:科学出版社,2005.

［166］BALTAY P,GJELSVIK A.Coefficient of friction for steel on concrete at high normal stress［J］.Journal of materials in civil engineering,1990,2(1):46-49.

［167］SCHNEIDER S P.Axially loaded concrete-filled steel tubes［J］.Journal of structural engineering,1998,124(10):1125-1138.

［168］SUSANTHA K A S,GE H B,USAMI T.Confinement evaluation of concrete-filled box-shaped steel columns［J］.Steel and composite structures, 2001,1(3):313-328.

［169］HU H T,HUANG C S,WU M H,et al.Nonlinear analysis of axially loaded concrete-filled tube columns with confinement effect［J］.Journal of structural engineering,2003,129(10):1322-1329.

［170］朱伯龙,董振祥.钢筋混凝土非线性分析［M］.上海:同济大学出版社,1985.

［171］朱伯芳.有限单元法原理与应用［M］.2 版.北京:中国水利水电出版社, 1998.